普通高等教育应用型系列教材·计算机类

数据库原理与应用

（微课版）修订版

罗　佳　杨菊英　主编

何凯霖　丁晓峰　陈鸿俊　副主编

科学出版社

北京

内 容 简 介

本书以关系数据库为核心，完整论述了数据库的基本概念、基本原理和应用技术，力图使读者对数据库有一个全面深入的了解，为进一步从事数据库的应用开发和研究奠定坚实的基础。本书以当前流行的两种关系数据库 SQL Server 2017 和 MySQL 8.0 作为开发环境，采用一书两案例的编写思路。正文以图书管理系统案例为项目案例，使读者能够由浅入深、循序渐进地掌握数据库的基本原理与应用；课后上机实训以成绩管理系统案例为项目案例，以求更好地培养读者数据库综合应用能力与开发能力。

本书可作为高等学校计算机科学与技术、软件工程、信息系统、网络工程及相关专业的教材，也可供从事有关数据库应用开发的工程技术人员参考使用。

图书在版编目（CIP）数据

数据库原理与应用：微课版/罗佳，杨菊英主编. —北京：科学出版社，2023.7

（普通高等教育应用型系列教材·计算机类）

ISBN 978-7-03-062821-3

Ⅰ. ①数… Ⅱ. ①罗… ②杨… Ⅲ. ①数据库系统 Ⅳ. ①TP311.13

中国版本图书馆 CIP 数据核字（2019）第 239967 号

责任编辑：孙露露　王会明 / 责任校对：赵丽杰
责任印制：吕春珉 / 封面设计：曹　来

科 学 出 版 社 出版
北京东黄城根北街 16 号
邮政编码：100717
http://www.sciencep.com
天津翔远印刷有限公司印刷

科学出版社发行　　各地新华书店经销
*

2020 年 2 月第 一 版　　开本：787×1092　1/16
2023 年 7 月修 订 版　　印张：13 1/4
2023 年 7 月第六次印刷　　字数：300 000

定价：47.00 元
（如有印装质量问题，我社负责调换〈翔远〉）
销售部电话 010-62136230　编辑部电话 010-62138978-2010

前　言

数据是信息世界的基础性资源，在信息社会中愈发重要，已经成为企业、政府以及个人的重要资产。存储、使用和管理数据的数据库技术是当前发展快、受人关注度高、应用广泛的信息技术之一。数据库已经渗透到信息技术的各个领域，成为现代计算机信息系统和应用系统开发的一项核心技术，计算机及其相关专业的学生都有必要熟悉和掌握数据库理论与技术。

党的二十大报告指出，教育、科技、人才是全面建设社会主义现代化国家的基础性、战略性支撑，要坚持教育优先发展地位，深入实施科教兴国战略、人才强国战略、创新驱动发展战略。在新一轮的科技和产业革命中，从业者具备良好的数据库能力将为我国新兴产业的建设发展和传统产业的数字化转型提供有力支撑。本书紧跟二十大精神，以培养学生树立科技报国和创新意识、建立数据分析思维、提高数据设计及数据处理能力、具备精益求精和实事求是精神为目标，按照学生的认知规律，对教学内容进行了创新和系统化设计。

本书详细介绍了关系数据库的基本概念、原理和方法，是编者依据多年从事数据库教学、研究、应用及开发工作积累的丰富经验，秉承夯实基础、注重应用、提高能力的原则编写的。相较于其他同类书籍，本书具有以下三大特色。

1）一点两讲解。市面上大多数数据库教材选用的是一种数据管理系统产品，单一而且零散，读者在学习时需要购买多本书籍，费时、费力、费钱。而本书引入当前最为流行的两种关系数据库，即 SQL Server 2017 和 MySQL 8.0 作为开发环境，每讲一个知识点，都分别使用这两种关系数据库进行操作讲解，可将两者完美融合，便于读者比较学习。

2）一节两形式。市面上大多数数据库教材采用的是传统的书面学习形式，单一而且枯燥。而本书在每一个小节都提供了两种形式：一种仍然是书面静态学习形式；另一种则是微课学习形式，本书配有 77 个精彩微课，读者只需扫描书中二维码就能立刻观看。为方便教学，本书还配有电子课件、教学和实训案例的完整源代码等教学资源，可到科学出版社职教技术出版中心网站（www.abook.cn）下载或发邮件至360603935@qq.com 索取。

3）一书两案例。市面上大多数数据库教材或多或少提供了案例，有的在最后独立讲解，有的则贯穿全文，但课后的练习安排大多是分散的。而本书除了正文提供有完整的贯穿案例外，课后上机实训也安排有完整的贯穿案例，与正文案例相辅相成，以达到强化读者学习效果的目的。

本书各章的具体内容安排如下。

第 1 章　数据库基础。本章主要讲述数据库的基础知识，包括数据库的相关概念，概念模型 E-R 图和数据模型、数据库系统组成，以及数据库的体系结构等。

第 2 章　关系数据库的规范化。本章是进行数据库设计所必需的理论基础，主要讲述函数依赖的相关概念，1NF、2NF、3NF 和 BCNF 的定义及其规范化方法等。

第 3 章　关系数据库标准语言 SQL。本章是本书的核心章节，也是数据库操作的重点，主要讲述关系代数、SQL 语言的基础语法以及应用，通过列举大量的实例帮助读者理解和掌握 SQL 语言的特点和使用。

第 4 章　数据库的安全与保护。本章主要讲述数据库的安全性控制，包括身份验证、权限管理及数据备份与恢复技术等。

第 5 章　高级 SQL 编程。本章属于 SQL 语言的提高章节，需有一定的 SQL 语言基础，可作为选讲章节，主要讲述 T-SQL 语言的基本语法、函数、存储过程、触发器的定义和使用方法等。

第 6 章　C/S 开发——桌面图书管理系统。本章主要讲述桌面图书管理系统的开发全过程，包括用 Java 语言进行前台界面编程，SQL Server 后台数据库编程，以及前后台的 JDBC 连接编程等。

第 7 章　B/S 开发——在线图书管理系统。本章主要讲述通过 Web 浏览器进行图书管理系统的设计和实现过程，以及用 PHP 语言调用 MySQL 数据库编程等。

在本书编写过程中，张乐提出了许多宝贵的意见和建议，在此表示诚挚的感谢。

虽然本书已经过严格审核、精心编辑，但由于编者水平有限，书中难免有疏漏和不足之处，敬请广大读者批评指正。

编　者

2023 年 7 月

目　　录

第 1 章　数据库基础

数据存储和管理是计算机信息系统的基础和核心，从 20 世纪 50 年代初期的人工管理模式到 50 年代中期的文件管理模式，再到 60 年代的数据库管理技术，其方式发生了翻天覆地的变化。其中，数据库技术在现代计算机软件体系中占据极其重要的地位，应用领域也极为广泛，已经渗透到人们日常生活的方方面面，如网上购物、在线购票、酒店预订系统、网络游戏、各种手机 App 等，无一不用到数据库。

1.1　基础概念

随着信息技术的发展，作为管理数据信息的数据库技术也得到快速发展，其主要研究如何对数据信息进行科学的组织、管理和处理，以便提供可共享的、安全的、可靠的数据信息。在系统学习数据库相关知识之前，首先要弄清数据、信息、数据库、数据库管理系统、数据库应用系统和数据库系统等基本概念。

1.1.1　数据与信息

数据（data）通常是指描述事物的符号。这些符号具有不同的数据类型，它可以是数字、文本，也可以是图形、图像、声音、说明性信息等。例如，定义学生的年龄是 18 岁，学生的性别是"男"，这些

微课：数据与信息

都是数据。因此，数据代表真实世界的客观事实。

信息（information）是指经过加工处理后具有一定含义的数据集合，它具有超出事实数据之外的价值。信息是标识复杂客观实体的数据，是人们进行各种活动所需要的知识。例如，可以将学生的年龄是 18 岁、性别为"男"的两组相对独立的数据组合在一起形成一条表示学生基本情况的信息。

数据与信息是数据库的基本对象，既有联系又有区别。准确地说，数据可看作原料，是输入；而信息是产品，是输出结果。由此可见，信息是一种被加工成特定形式的数据。

1.1.2　数据库

数据库（database，DB）是指长期存储在计算机内、有组织、可共享的数据集合。数据库中的数据按一定的数据模型进行组织、描述和存储，具有较小的冗余度、较高的数据独立性和易扩展性，并可为

微课：数据库

各种用户共享。数据库概念包含两方面意思：一方面，数据库是一个实体，它是能够合

理保管数据的"仓库"，用户可以在该"仓库"中存放要管理的事务数据。"数据"和"库"两个概念结合为"数据库"；另一方面，数据库是数据管理的新方法和技术，它能够更合理地组织数据、更方便地维护数据、更严密地控制数据和更有效地利用数据。

1.1.3　数据库管理系统

微课：数据库管理
系统

数据库管理系统（database management system，DBMS）是指介于计算机用户与操作系统之间的专门用于管理数据库的系统软件。DBMS 能为用户或应用程序提供访问 DB 的方法，实现对 DB 的定义、建立、维护、查询和统计等操作。一般是由专业的数据库管理员（database administrator，DBA）进行操作。

目前市面上的 DBMS 产品很多，公司不同，规模也不同，它们以其自身特有的性能，在数据库市场上各占一席之地。常见的 DBMS 有 Oracle、SQL Server、MySQL 等，数据库设计人员可根据需求自行选择。

Oracle 是美国 Oracle 公司（甲骨文公司）开发的数据库管理系统，它在数据库领域一直处于领先地位，主要应用于大型数据库的开发。其特点是支持多用户、大事务量的高性能处理，在安全性保密和分布式处理等功能上具有独特的优势。Oracle 开发工具主要有 Oracle SQL *Plus、Toad for Oracle、Oracle SQL Developer 等。

SQL Server 是 Microsoft 公司（微软公司）推出的数据库管理系统，也称为 Microsoft SQL Server，简称 MSSQL，具有使用方便、伸缩性好、与相关软件集成度高等优点，主要应用于中小型数据库的开发。其特点主要是内建式在线分析处理，是微软决策支持服务系统。SQL Server 开发工具主要有 SQL Server Management Studio（SSMS）、Toad for SQL Server 等。

MySQL 是瑞典 MySQL AB 公司（目前属于 Oracle 旗下）开发的数据库管理系统，是当前最流行的 DBMS 产品之一，主要应用于小型数据库的开发。其特点是体积小、速度快、成本低、开源（开放源代码）。这使得 MySQL 的应用日益广泛，一般中小型网站的开发首选 MySQL。MySQL 开发工具主要有 MySQL Workbench、phpMyAdmin 等。

1.1.4　数据库应用系统

数据库应用系统（database application system，DBAS）是在 DBMS 支持下为非专业用户建立和开发的计算机应用系统。这些非专业用户（如银行职员）可通过其简单友好的界面完成对后台数据库的间接操作。

DBAS 一般分为两大类：一类是客户机（client）/服务器（server）架构，简称 C/S 架构，如图 1-1 所示；另一类为浏览器（browser）/服务器（server）架构，简称 B/S 架构，如图 1-2 所示。两者各有优势，其主要差异为界面的实现方式存在较大的不同：C/S 架构主要针对桌面应用程序的开发，界面开发工具常见的有 Visual C++、Java、C#等，优点是能充分发挥客户端 PC 的处理能力，客户端响应速度快；B/S 架构主要针对 Web 应用程序开发，界面开发工具常见的有 ASP、JSP 和 PHP，优点是可以在任何地方进行操作而不用安装任何专门的软件，有一台能上网的计算机即可，客户端零安装、零维护，系统的扩展也非常容易。

　图 1-1　C/S 架构示意图　　　　　　　　　图 1-2　B/S 架构示意图

此外，由于不同的 DBMS 产品有着明显的差异性，为了让程序员无须花时间和精力去了解这些差异，同时也为了实现不同产品间的数据共享，人们研究了多种连接不同 DBMS 的方法和技术，常见的有 ODBC、JDBC、ADO 等。ODBC 是微软公司开发的开放式数据库互联技术，该技术具有良好的互用性和可移植性，可同时访问多种 DBMS，所有的数据库操作可由对应的 DBMS 的 ODBC 驱动来完成；JDBC 是 Java 数据库连接技术，仅针对开发工具是 Java 时的数据库连接；ADO 是动态数据对象连接技术，是当前对微软支持的数据库操作中最有效、最简单、最直接的连接技术，而且还可以以 ActiveX 控件形式出现，大大方便了 Web 应用程序的开发。

1.1.5　数据库系统

数据库系统（database system，DBS）是指在计算机系统中引入数据库后的计算机系统。DBS 是实际可运行的存储、维护，以及可以为应用系统提供数据的软件系统，是存储介质、处理对象和管理系统的集合体，是以数据库方式管理大量共享数据的计算机系统。数据库系统常简称为数据库，主要由 DBMS、DBAS 和 DB 三大核心部分组成，并且数据库系统还应该有属于自己的 DBA，如图 1-3 所示。

微课：数据库系统

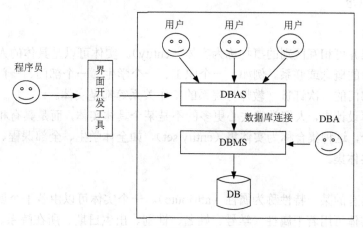

图 1-3　数据库系统示意图

1.2 数据模型

数据模型（data model）与现实世界中的模型（如地图、沙盘、飞机航模等）一样，也是一种模型，是对现实世界数据特征的一种抽象。也就是说，数据模型是用来描述数据、组织数据和对数据进行操作的集合。由于计算机不可能直接处理现实世界中的具体事物，所以必须把具体事物转换成计算机能够处理的数据，这种转化称为数字化，如图 1-4 所示。

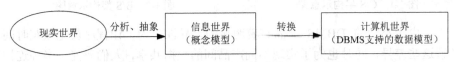

图 1-4 从现实世界到计算机世界的数据建模

数据模型是数据库系统的核心和基础，决定了数据库系统的结构、数据定义语言和数据操纵语言、数据库设计方法、数据库管理系统软件的设计和实现。根据模型应用的目的不同，可将数据模型分为两类：一类是概念模型（conceptual model），也称信息模型，这种模型是按用户的观点对数据和信息建模；另一类是计算机所支持的数据模型，包括逻辑模型（logical model）和物理模型（physical model）两种。

1.2.1 概念模型

概念模型是面向数据库用户的现实世界的数据模型，是现实世界到计算机世界的中间层抽象，主要用于描述现实世界的概念化结构。它是数据库设计人员在设计初始阶段的有力设计工具，可使设计人员摆脱计

微课：概念模型

算机系统及数据库管理系统的具体技术问题，集中精力分析数据及数据之间的联系等，与 DBMS 无关。

1. 基本概念

（1）实体

客观存在并可相互区别的事物称为实体（entity）。实体可以是具体的人、事、物，也可以是抽象的概念或联系。例如，一个职工、一个学生、一个部门、一门课、学生的一次成绩、部门的一次订货、教师与院系的工作关系等都是实体。

在数据库设计中，人们常常关心更多的不是某个具体实体，而是具有相同性质的一类实体的集合，这种集合称为实体集（entity set），如全体学生、全部课程、所有选课等都表示一个实体集。

（2）属性

实体所具有的某一特性称为属性（attribute）。一个实体可以由若干个属性来刻画。例如，学生实体可用若干属性（学号、姓名、性别、出生日期、所在院系、入学时间）描述。属性具有如下特点。

① 属性往往是不可再细分的原子属性，如姓名、性别等。

② 一个实体的属性可以有若干个，但在数据库设计中只选择部分需要的属性。

③ 能唯一标识实体的属性或属性组合称为实体的码（key）。例如，学生的学号因具有唯一性，故可以将"学号"选作学生实体的码；反之，由于"姓名"可能存在重复性，故"姓名"不宜作码。

④ 属性有型和值的区别。例如，属性名是属性的型，如"学号""姓名"等；属性的具体内容是属性的值，如"1001""张三"等。

⑤ 实体的属性取值一般受某个条件的约束，如果取值不满足约束条件，则认为是一种非法的值，这个约束条件确定的取值范围称为该属性的域（domain）。例如，学生的性别域是（男，女），学生的成绩是（0，1，2，…，100）。

（3）联系

在现实世界中，事物内部及事物之间是有联系（relationship）的，这些联系在信息世界中反映为实体型内部的联系和实体型之间的联系。实体型内部的联系通常指组成实体各属性之间的联系，如课程号和课程名之间的联系；实体型之间的联系通常指不同实体集之间的联系，如学生和课程之间的联系。这里重点讨论实体型之间的联系，分为以下 3 种。

① 一对一联系（1:1）。如果对于实体集 A 中的每个实体，实体集 B 中至多有一个（也可以没有）实体与之联系；反之，实体集 B 中的每个实体至多和实体集 A 中的一个实体联系，则称实体集 A 与实体集 B 具有一对一联系，记为 1:1，如图 1-5 所示。

例如，学校里面，一个班级只有一个正班长，而一个正班长只在一个班中任职，则班级与正班长之间具有一对一联系。

② 一对多联系（1:n）。如果对于实体集 A 中的每个实体，实体集 B 中有 n（$n \geq 0$）个实体与之联系；反之，对于实体集 B 中的每个实体，实体集 A 中至多只有一个实体与之联系，则称实体集 A 和实体集 B 具有一对多联系，记为 1:n，如图 1-6 所示。

例如，一个系中有若干名教师，而每名教师只在一个系里任职，则系与教师之间具有一对多联系。

③ 多对多联系（m:n）。如果对于实体集 A 中的每个实体，实体集 B 中有 n（$n \geq 0$）个实体与之联系；反之，对于实体集 B 中的每个实体，实体集 A 中也有 m（$m \geq 0$）个实体与之联系，则称实体集 A 与实体集 B 具有多对多联系，记为 m:n，如图 1-7 所示。

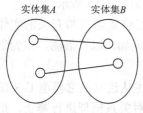
图 1-5　1:1 示意图

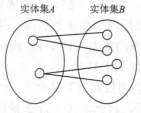
图 1-6　1:n 示意图

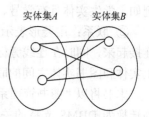
图 1-7　m:n 示意图

例如，一名教师可以给若干名学生授课，而一名学生也可以上若干名教师的课程，则教师与学生之间具有多对多联系。

一般地，两个以上的实体集之间也存在一对一、一对多或多对多联系，如图 1-8 所示。例如，课程、教师和课本 3 个实体集，如果一门课程可以由若干名教师讲授、使用若干本课本；而每名教师只能讲授一门课程，每本课本只供一门课程使用，则课程、教师和课本之间存在一对多联系。

同一个实体集内各实体之间同样可以存在一对一、一对多或多对多联系，如图 1-9 所示。例如，教师实体集内部具有领导与被领导的联系，即某一教师（校长）领导若干名教师，而一名教师仅被另一名教师（校长）直接领导，因此这是一对多的联系。

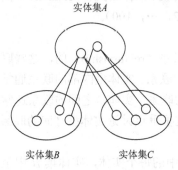
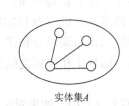

实体集A

实体集B   实体集C

实体集A

图 1-8　两个以上实体集间联系示意图　　图 1-9　同一个实体集内联系示意图

> ⚠️ 注意：单个实体集以及两个以上实体集之间的联系，因都可以转换为两个实体集之间的联系，故后面讨论的所有联系均指两个实体集之间的联系。设计者应当认真分析，使之真实反映现实世界。

2. E-R 图

概念模型的表示方法很多，其中最著名、最常用的是 P. P. S. Chen 于 1976 年提出的实体-联系方法。用这个方法描述的概念模型称为实体-联系模型（entity-relationship approach），简称 E-R 模型。用图形表示的 E-R 模型称为 E-R 图，包括以下 3 个要素。

① 实体：用矩形框表示，框内标注实体名称。

② 属性：用椭圆形表示，框内标注各属性名称，并用连线与相应的实体连接起来。例如，学生实体具有学号、姓名、性别、年龄、系别等属性，如图 1-10 所示。

③ 联系：用菱形表示，菱形框内标注联系名称，并用连线将菱形框与有关的实体连接起来，同时在连线旁标注联系的类型（1:1、1:n 或 m:n）。例如，以"借阅"作为学生实体和图书实体之间的联系，如图 1-11 所示。

本书将以"图书管理系统"为项目案例贯穿全文，全程讲述从建立概念模型 E-R 图到转换为 DBMS 支持的关系模型，再到范式（第 2 章详讲）对关系模型进行修正，最后到系统开发。下面首先介绍建立图书管理系统的 E-R 图。

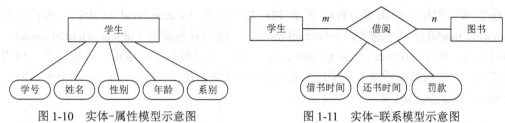

图 1-10　实体-属性模型示意图　　　　　　图 1-11　实体-联系模型示意图

根据系统需求分析，该系统涉及的实体包括管理员、学生和图书。对于每个实体集，根据系统输出数据要求，抽象出以下属性。其中，有关实体和属性命名需要特别说明，命名方式一般是：中文（英文或英文缩写与简写等）。中文命名是为了方便数据库设计人员及团队对数据库信息的获取和交流；括号里的英文是为了方便后续 DBMS 的实际存储和编程。例如：

① 管理员（admin）：管理员号（ano）、姓名（aname）、性别（asex）。

② 学生（student）：学号（sno）、姓名（sname）、性别（ssex）、年龄（sage）、系别（sdept）。

③ 图书（book）：书号（bno）、书名（bname）、作者（author）、价格（price）、出版社（publish）、库存量（number）。

作为一个系统内的实体集，这些实体间并不会完全相互独立，一定存在着联系，因此有必要对实体间的联系做以下分析（假设系统只有一个管理员）。

① 管理员与图书之间存在"管理"联系 $1:q$。

② 管理员与学生之间存在"管理"联系 $1:p$。

③ 学生与图书之间存在"借阅"联系 $m:n$。

由此可初步建立图书管理系统的 E-R 图，如图 1-12 所示。

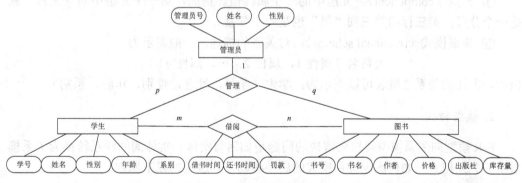

图 1-12　图书管理系统 E-R 图

1.2.2　逻辑模型

通过分析，将现实世界中的事物抽象成为 E-R 图描述的概念模型之后并不能直接存入计算机。概念模型中的实体与实体间的联系必须进一步表示成便于计算机处理的逻辑模型。逻辑模型是数据库系统的核心问题。目前数据库

微课：逻辑模型

系统领域中常用的逻辑模型有以下 5 种：层次模型（hierarchical model）、网状模型（network model）、关系模型（relational model）、面向对象模型（object oriented model）和对象关系模型（object relational model）。其中，关系模型是最常用、最重要的一种逻辑模型，关系数据库系统大都采用关系模型作为数据的组织方式。因此，本书重点研究逻辑模型中的关系模型。

1. 关系模型基本结构

关系模型与以往的模型不同，是建立在严格的数据概念基础上的。从用户观点看，关系模型其实就是一张规范化的二维表格，每张二维表称为一个关系（relation），如表 1-1 所示。实体和联系都可以建立关系模型。

表 1-1　学生表

学号	姓名	性别	年龄	系别
1001	王丹	女	18	计算机
1002	周阳	男	18	计算机
1003	张均	男	19	经管
1004	张田	男	18	计算机
1005	李芝儿	女	18	电子工程

① 关系（relation）：一个关系对应一张二维表，有几个关系就需要建立几张表，表 1-1 所示的学生表即表示一个学生关系。

② 元组（tuple）：表中的一行即为一个元组。

③ 属性（attribute）：表中的一列为一个属性，给每个属性起一个名称即为属性名。

④ 分量（component）：元组中的一个属性值。例如，第一个元组中的"王丹"就是一个分量；第三行的第三列"男"也是一个分量。

⑤ 关系模式（relational schema）：对关系的描述，一般表示为

关系名（属性 1，属性 2，…，属性 n）

例如，上面的关系二维表可以表示为：学生（学号，姓名，性别，年龄，系别）。

2. 模型转换

E-R 模型向关系模型转换要解决的问题是如何将实体和实体间的联系转换为关系模型中的关系模式。如何确定关系模式的属性和码，一般遵循以下原则。

（1）实体转换

E-R 图中的一个实体对应一个关系模式。E-R 图中实体的属性对应关系模式的属性，E-R 图中实体的码对应关系模式中的码，并用下划线标识。例如，图 1-12 所示图书管理系统 E-R 图中，有管理员、学生、图书 3 个实体，则需转换为 3 个关系模式，即

管理员（管理员号，姓名，性别）

学生（学号，姓名，性别，年龄，系别）

图书（书号，书名，作者，价格，出版社，库存量）

（2）1:1 联系转换

1:1 联系的属性由联系本身的属性和与之联系的两个实体的码组成，而联系的码由各实体的码共同组成。图 1-13 所示为具有 1:1 联系的 E-R 图。

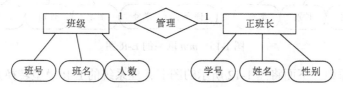

图 1-13 1:1 联系的 E-R 图

转换后的关系模式如下（此处"管理"无属性）：

班级（<u>班号</u>，班名，人数）

正班长（<u>学号</u>，姓名，性别）

管理（<u>班号、学号</u>）

（3）1:n 联系转换

1:n 联系的属性由联系本身的属性和与之联系的两个实体的码组成，而联系的码由 n 端实体的码组成。图 1-14 所示为具有 1:n 联系的 E-R 图。

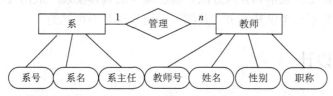

图 1-14 1:n 联系的 E-R 图

转换后的关系模式如下：

系（<u>系号</u>，系名，系主任）

教师（<u>教师号</u>，姓名，性别，职称）

管理（<u>教师号、系号</u>）

也可以将联系与某一端的关系模式合并，但只能在 n 端实体的关系模式中加入联系自身的属性及另一个实体的码。这里只能将 n 端实体"教师"与管理关系模式合并，可修改为

教师（<u>教师号</u>，姓名，性别，职称，系号）

（4）m:n 联系转换

m:n 联系的属性由联系本身的属性和与之联系的两个实体的码组成，而联系的码由各实体的码共同组成。图 1-15 所示为具有 m:n 联系的 E-R 图。

转换后的关系模式如下：

教师（<u>教师号</u>，姓名，性别，职称）

学生（<u>学号</u>，姓名，性别，年龄，系别）

授课（<u>教师号，学号</u>，评价）

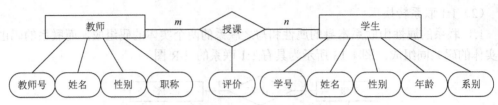

图 1-15   m:n 联系的 E-R 图

按照以上原则，下面将图 1-12 所示的图书管理系统的 E-R 模型转换为关系模型：

管理员（<u>管理员号</u>，姓名，性别）

学生（<u>学号</u>，姓名，性别，年龄，系别）

图书（<u>书号</u>，书名，作者，价格，出版社，库存量）

借阅（<u>学号</u>，<u>书号</u>，借书时间，还书时间，罚款）

1.2.3   物理模型

微课：物理模型

物理模型（physical model）是存储在 DBMS 中的真实数据模型。物理模型是对数据最底层的抽象，它描述数据在系统内部，如磁盘或磁带上的表示和存取方法。物理模型的具体实现一般由 DBMS 完成，用户不必考虑其细节，其细节对用户也是不可见的。

1.3   数据库设计

数据库设计是 DBAS 开发的一个重要环节，通过设计反映现实世界信息需求的概念数据模型，并将其转换为逻辑模型和物理模型，最终建立为现实世界服务的数据库。因此，数据库设计的基本任务就是根据用户的信息需求、处理需求和数据库的支撑环境（包括 DBMS、操作系统、硬件等），设计一个结构合理、使用方便、效率较高的数据库。

1.3.1   三级模式

微课：三级模式

与数据模型对应，数据库系统结构可分为三级模式，即外模式、模式（也称物理模式）、内模式。图 1-16 描述了数据库系统的 3 个抽象描述级，同时还定义了数据库系统的 3 个层次，即外层、概念层、内层。

事实上，三级模式中只有内模式是真正存储数据的，而模式和外模式仅是一种表示数据的逻辑方法。在这 3 种模式之间还存在着两种映像：外模式/模式映像，负责将用户数据库与概念数据库联系起来；内模式/物理模式映像，负责将物理数据库与概念数据库联系起来。

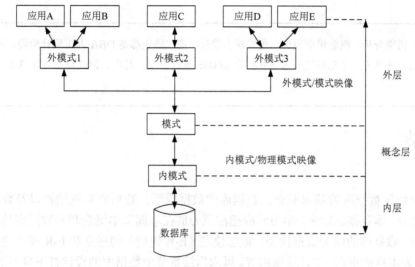

图 1-16　三级模式示意图

1.3.2　数据库设计流程

　　早期的数据库设计主要采用手工与经验结合的方法，设计的质量与设计人员的经验和水平有直接的关系，由于缺乏科学方法和设计工具的支持，设计质量难以保证。为此，人们经过不懈努力和探索，提出各种数据库设计方法，开发了数据库设计工具软件。由于遵循了软件工程的思想与方法，再结合数据库设计自身的特点，数据库设计的质量大大提高。目前常用的数据库设计工具主要有 Sybase 公司的 PowerDesigner、

微课：数据库
设计流程

Oracle 公司的 Oracle Designer 等。数据库设计的步骤统一分为 6 个阶段，即需求分析阶段、概念模型设计阶段、逻辑模型设计阶段、物理模型设计阶段、数据库实施阶段、数据库运行和维护阶段。图 1-17 展示了数据库设计各阶段的设计依据和结果。

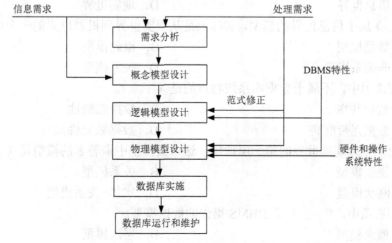

图 1-17　数据库设计流程框图

⚠️ 注意：需求分析、概念模型设计、逻辑模型设计、范式修正都是 DBA 人工设计阶段；物理模型设计、数据库实施、数据库运行和维护则是 DBMS 设计阶段。其中，范式修正将在第 2 章详细讲解。

本章小结

本章介绍了数据库的基本概念、数据库的数据模型、数据库系统结构以及数据库系统的组成部分。本章概念较多，学习时应把注意力放在掌握基本概念和对数据库基础认识方面。其中，数据库的两类数据模型、概念模型（E-R 模型）的建立和 E-R 模型向关系模型的转换，为本章的重点，学好这些内容，可为后续章节中数据库的设计打下良好的基础。

习题

一、选择题

1. 数据库（DB）、数据库系统（DBS）与数据库管理系统（DBMS）之间的关系是（　　）。

　　A．DBS 包括 DB 和 DBMS
　　B．DBMS 包括 DB 和 DBS
　　C．DB 包括 DBS 和 DBMS
　　D．DBS 包括 DB，也就是 DBMS

2. 数据库的概念模型独立于（　　）。

　　A．具体的机器和 DBMS
　　B．E-R 图
　　C．信息世界
　　D．现实世界

3. （　　）属于信息世界的模型，实际上是从现实世界到机器世界的一个中间层次。

　　A．数据模型
　　B．概念模型
　　C．非关系模型
　　D．关系模型

4. 下列选项中，不属于数据库系统特点的是（　　）。

　　A．数据共享
　　B．数据完整性
　　C．数据冗余度高
　　D．数据独立性高

5. 概念模型是现实世界的第一层抽象，这一类模型中最著名的模型是（　　）。

　　A．层次模型
　　B．关系模型
　　C．网状模型
　　D．实体–关系模型

6. 下列选项中，（　　）是 DBMS 操作的数据模型。

　　A．概念模型
　　B．层次模型
　　C．物理模型
　　D．逻辑模型

二、填空题

1. DB 是指_____，它是长期存储在_____、_____、_____的_____。
2. 数据库管理系统是位于_____与_____之间的专门用于管理数据库的系统软件。
3. 数据模型是数据库系统的核心和基础，决定了数据库系统的_____、_____和_____、_____、_____的设计和实现。
4. 根据模型应用的目的不同，可将数据模型分为两类，即_____、_____。
5. E-R 模型的三要素是_____、_____、_____。
6. 区分不同实体的依据是_____。
7. 关系模型是由一个或多个_____组成的集合。
8. 数据库体系结构按照_____、_____和_____三级结构进行组织。

三、简答题

1. 什么是数据库？
2. 实体之间有哪几种联系？
3. 数据库系统领域中常用的逻辑模型有哪些？
4. 简述数据库的物理模型和概念模型。
5. 简述数据库系统结构的三级模式。

上机实训

为和正文案例"图书管理系统"配套，本书所有上机实训均以另一个类似案例"成绩管理系统"贯穿全文。要求学生按照"图书管理系统"的开发模式，自行练习和体会"成绩管理系统"的整个设计过程，以达到一举两得的教学效果。

为简化系统，这里的成绩管理系统所涉及的实体设定为管理员（设只有一个管理员）、学生和课程 3 个实体，教师实体暂不考虑。各实体的属性如下。

① 管理员：管理员号、姓名、性别。
② 学生：学号、姓名、性别、年龄、系别。
③ 课程：课程号、课程名、学分、学时。
其中，这些实体间还存在以下联系。
① 管理员和课程之间存在"管理"联系 1:p。
② 管理员和学生之间存在"管理"联系 1:q。
③ 学生和课程之间存在"选课"联系 m:n，该联系还有"成绩"属性。
根据以上内容，试完成以下实训内容。

① 用 Microsoft Office Visio 软件绘制出"成绩管理系统"的 E-R 模型。
② 将绘制的 E-R 图转换为"成绩管理系统"的关系模型，以备后续数据库的设计使用。

第 2 章　关系数据库的规范化

关系数据库的规范化理论最早是由关系数据库的创始人 E. F. Codd 提出的，后来许多专家学者经过深入研究和发展，形成了一整套关系数据库设计理论。该理论对一个关系模式的规范与否提供了强有力的理论依据，也为数据库设计者在设计中提供了理论参考。规范化理论虽然是以关系模型为背景，但它对于一般的数据库逻辑设计同样具有理论上的意义。

2.1　问题的提出

微课：问题的提出

数据库是一组相关数据的集合。如何构造一个合适的数据模型？在关系数据库中应该组织成几个关系模式？每个关系模式包括哪些属性？这些都是数据库逻辑设计应该考虑和解决的问题。在具体数据库系统实现之前，尚未录入实际数据时，构建较好的数据模型是关系到整个系统运行效率，以至系统成败的关键；反之，不规范的关系模式在应用中可能产生很多弊端，从而导致数据的存储异常。下面先从一个实例出发，看看一个"不好"的关系模式可能给关系数据库操作带来的不良影响。

【例 2-1】假设已为图书管理系统初步建立了一个图书借阅关系模式 R：

R（sno，sname，sdept，dadd，bno，bname，author，sno，bno，borrowdate，restoredate）
其中，各属性分别表示学生学号、学生姓名、系名、系地址、书号、书名、作者、借阅学号、借阅书号、借阅时间、归还时间。表 2-1 所示为该模式的具体数据。

表 2-1　关系模式 R

sno	sname	sdept	dadd	bno	bname	author	sno	bno	borrowdate	restoredate
1001	王丹	计算机	综合楼	b01	C 语言	谭浩	1001	b01	2019-05-01	2019-07-01
1001	王丹	计算机	综合楼	b02	英语	张楠	1001	b02	2019-05-01	2019-07-01
1001	王丹	计算机	综合楼	b03	数据库	赵言	1001	b03	2019-05-01	2019-07-01
1002	周阳	计算机	综合楼	b01	C 语言	谭浩	1002	b01	2019-06-07	2019-08-04
1002	周阳	计算机	综合楼	b03	数据库	赵言	1002	b03	2019-06-07	2019-08-04
1003	张军	经管	求实楼	b02	英语	张楠	1003	b02	2019-07-11	2019-08-15

从这个关系模式中可以看出，几乎所有信息都简单地放置到一个关系模式中，虽然看起来省事，但事实上一位学生可以借多本图书，同一图书也可以有多位学生借阅，这

样势必会造成以下 4 个方面的问题。

1. 数据冗余

每当学生借一本图书时，该学生的信息，包括学号、姓名、系、系地址等信息就重复存储一次，如表 2-1 中，学生 1001 借了 3 本书（b01、b02、b03），所以她的相关数据被重复输入了 3 次。一般情况下，每位学生都不止借一本书，数据冗余就不可避免，同时一个系又有很多学生，因此可以想象，数据的冗余度相当庞大。

注意：数据冗余是指数据库中数据被不必要的重复存储或输入。减少数据冗余就是减少不必要的重复数据，是数据库设计成功的前提条件。

2. 更新异常

由于数据的重复存储，会给更新带来很多麻烦。假如学生 1001 由计算系转到经管系，那么上述有关系模式的系、系地址都需重复更改 3 次。一旦一个元组的系名未修改就会导致数据不一致，数据的不一致会直接影响数据库系统的质量。

3. 插入异常

如果学校新转入几位学生（假设新同学暂时没有学号），由于缺少主关键字的一部分，则这些学生就不能插入到此关系模式中，那么这些学生的其他信息（如姓名、系、系地址等）也将无法记载，这显然是不合理的。另外，如果这些同学已拥有学号，那么他们的信息将插入到上述表中，但由于数据冗余，势必也会导致重复执行插入操作。

4. 删除异常

与插入异常相反，如果某些学生暂时不借阅图书，因主关键字不全，就需要从当前关系表中删除其相关记录，由于数据冗余，删除时势必导致重复删除；更严重的是，那些关于学生的其他不变的信息（如学号、姓名、系、系地址等）也将被同时删除，这更不合理。

上述这些异常都是因为关系模式设计得不好造成的，如果等系统建立之后再返回去解决，不仅费时费力，甚至可能要把整个系统推翻，重新设计；反之，如果在数据库设计阶段就能设计一个良好的关系模式，则可大大避免异常发生。假如现将上述 R 关系模式按表 2-2～表 2-5 所示方式分解为 4 个关系模式，则上面的异常问题基本能顺利解决。

表 2-2　student 关系模式

sno	sname	sdept
1001	王丹	计算机
1002	周阳	计算机
1003	张军	经管

表 2-3　book 关系模式

bno	bname	author
b01	C 语言	谭浩
b02	英语	张楠
b03	数据库	赵言

表 2-4　dept 关系模式

sdept	dadd
计算机	综合楼
经管	求实楼

表 2-5　borrowrestore 关系模式

sno	bno	borrowdate	restoredate
1001	b01	2019-05-01	2019-07-01
1001	b02	2019-05-01	2019-07-01
1001	b03	2019-05-01	2019-07-01
1002	b01	2019-06-07	2019-08-04
1002	b03	2019-06-07	2019-08-04
1003	b02	2019-07-11	2019-08-15

student（sno，sname，sdept）

book（bno，bname，author）

dept（sdept，dadd）

borrowrestore（sno，bno，borrowdate，restoredate）

新关系模型由 4 个关系模式组成：学生（student）、图书（book）、系（dept）、借阅（borrowrestore），各个关系并不孤立，通过外关键字相互关联，有效地解决了异常。那么如何设计一个优良的关系模型、设计的依据又是什么，这是本章重点讨论的问题。

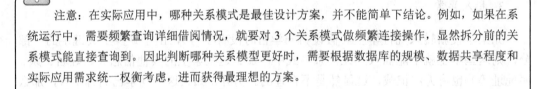

　　注意：在实际应用中，哪种关系模式是最佳设计方案，并不能简单下结论。例如，如果在系统运行中，需要频繁查询详细借阅情况，就要对 3 个关系模式做频繁连接操作，显然拆分前的关系模式能直接查询到。因此判断哪种关系模型更好时，需要根据数据库的规模、数据共享程度和实际应用需求统一权衡考虑，进而获得最理想的方案。

2.2　关系规范化

　　关系规范化是将"不好"的关系模式转换为好的关系模式的理论，其转换依据就是函数依赖。它反映了数据之间的内在联系，因此在讲关系规范化之前首先应明确函数依赖的相关定义，才能根据不同的依赖情况判断关系规范化的程度。

2.2.1　函数依赖

微课：函数依赖

　　关系模式中的各属性之间相互依赖、相互制约的联系称为数据依赖。数据依赖一般分为函数依赖、多值依赖和连接依赖。其中函数依赖（functional dependency，FD）是一种最重要、最基本的数据依赖，它反映属性或属性组之间相互依存、相互制约的关系。

　　函数是我们非常熟悉的数学概念，对公式

$$Y = f(X)$$

自然也不会陌生，即给定一个 X 值，都会有唯一 Y 值与它对应。也就是说，X 函数决定

Y，或 Y 函数依赖于 X，可以表示为

$$X \rightarrow Y$$

下面给出函数依赖的严格数学定义。

定义 2.1　设 $R(U)$ 是属性集 U 上的关系模式。X、Y 是 U 的子集。若对于 $R(U)$ 的任意一个可能的关系 r，r 中不可能存在两个元组在 X 上的属性值相等，而在 Y 上的属性值不等，则称 X 函数确定 Y 或 Y 函数依赖于 X，记为 $X \rightarrow Y$。

以下是与函数依赖相关的几个基本术语。

① 决定因素：若 $X \rightarrow Y$，则 X 称为决定因素。

② 互相依赖：若 $X \rightarrow Y$，$Y \rightarrow X$，称 X 和 Y 互相依赖，记为 $X \leftrightarrow Y$。

③ 若 Y 不依赖于 X，则记为 $X \nrightarrow Y$。

【例 2-2】设有关系 student（sno，sname，sdept），其中一个 sno 对应一个且仅对应一个学生，一个学生就读于一个确定的系，具体数据表如表 2-6 所示。

表 2-6　学生关系模式（student）

sno	sname	sdept
1001	王丹	计算机
1002	周阳	计算机
1003	张军	经管

根据定义可知，在例 2-2 中存在以下函数依赖：sno→sname、sno→sdept；但反过来则不存在这种关系，即 sname↛sno、sdept↛sno。

⚠️　注意：函数依赖是语义范畴的概念，是指 R 的所有元组均要满足的约束条件。当关系中的元组增加或更新后都不能破坏函数依赖。因此，必须根据语义确定一个函数依赖，而不能单凭某一时刻关系的实际数据值判断。例如，姓名→年龄，只在没有重名时才成立。

根据函数依赖的定义，可针对关系模型的 3 种联系总结出以下规律。

① 一个关系中，如果属性 X、Y 有 1:1 联系，则存在函数依赖 $X \leftrightarrow Y$。

② 一个关系中，如果属性 X、Y 有 1:n 联系，则存在函数依赖 $Y \rightarrow X$，但 $X \nrightarrow Y$。

③ 一个关系中，如果属性 X、Y 有 m:n 联系，则 X 和 Y 之间不存在任何函数依赖。

为了深入研究函数依赖，也为了规范化的需要，下面引入几种重要类型的函数依赖。

1. 完全函数依赖

完全函数依赖（complete function dependency，CFD）是在函数依赖前提下的一种特殊的函数依赖关系，其数学定义如下。

定义 2.2　$R(U)$ 中，如果存在 $X \rightarrow Y$，且 X 中不存在的任何一个真子集 X'（$X' \subset X$），有 $X' \rightarrow Y$ 成立，则称 Y 对 X 完全函数依赖，记为 $X \xrightarrow{f} Y$。

例如，在借阅关系模式 borrowrestore（sno，bno，borrowdate，restoredate）中，因

为 sno→borrowdate，bno→borrowdate，所以

$$（sno，nno）\xrightarrow{f} borrowdate$$

2. 部分函数依赖

部分函数依赖（partial function dependency，PFD）是在讨论完全函数依赖时遇到的一种较为特殊的情况，其数学定义如下。

定义 2.3 $R(U)$中，如果存在$X→Y$，且X中存在的任何一个真子集X'（$X' \subseteq X$），有对$X'→Y$成立，则称Y对X部分函数依赖，记作$X \xrightarrow{P} Y$。

例如，在一关系模式R（sno，bno，sage）中，因为 sno→sage，所以

$$（sno，bno）\xrightarrow{P} sage$$

> ⚠ 注意：由以上定义可知，只有当决定因素是组合属性时，讨论部分函数依赖才有意义；当决定因素是单个属性时，只能是完全函数依赖。

3. 传递函数依赖

传递函数依赖（transitive function dependency，TFD）是在满足函数依赖的前提下的另一种特殊的函数依赖，其数学定义如下。

定义 2.4 $R(U)$中，如果存在$X→Y$，$Y→Z$，其中$Y \nrightarrow X$且$Y \nsubseteq X$，则称Z对X传递函数依赖，记为$X \xrightarrow{t} Z$。

例如，在一关系模式R（sno，sname，sdept，dadd）中，因为 sno→sdept、sdept→dadd，且 sdept→sno，所以

$$sno \xrightarrow{t} dadd$$

2.2.2 范式

微课：范式

前面介绍了"不好"的关系模式会带来各种异常问题，那么一个"好"的关系模式应具备哪些性质呢？这就是关系规范化讨论的问题。为了区分关系模式的优劣，同时也为了优化"不好"的关系，Codd 在 1971—1972 年系统地提出了范式的概念。最初是 1NF（first normal form）问题，随后又进一步提出 2NF、3NF，1974 年 Codd 和 Boyce 共同提出了 BCNF。Codd 对关系模式的范式设计做出了特殊的贡献，于 1981 年获得计算机科学界的最高荣誉 ACM 的图灵奖。1974 年 Fagin 又提出了 4NF，后来又出现了 5NF 等。

范式实际上表示关系模式满足的某种级别。当关系模式满足某级别范式要求的约束条件时，就称这个关系模式属于这个级别的范式，记为$R∈x$NF。随着约束条件越来越严格，范式的级别也越来越高，其中各种范式之间有以下联系（图 2-1）：

$$5NF \subseteq 4NF \subseteq BCNF \subseteq 3NF \subseteq 2NF \subseteq 1NF$$

通过模式分解，可以将一个满足低一级别范式的关系式转换为若干更高级别范式的关系模式，这种过程就叫作规范化，即对有问题的关系进行分解从而消除异常。

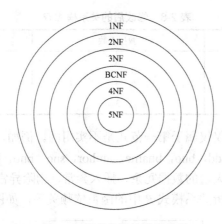

图 2-1　范式之间的嵌套关系

在实际规范化过程中，应注意以下几点。

① 1NF 和 2NF 一般作为规范化过程的过渡范式。

② 规范化程度，不一定越高越好。

③ 设计关系模式时，一般只要求达到 3NF 或 BCNF。4NF 和 5NF 主要用于理论研究，有兴趣的读者可以参阅其他相关教材。

1. 第 1 范式（1NF）

定义 2.5　若关系模式 R 中所有属性均为简单属性，即每个属性都是不可再分的，则称 R 满足第一范式，简记为 $R \in 1NF$。

1NF 的关系模式要求属性不能再分，这和记录类型的文件是不同的，在文件记录类型中的数据项允许由组项或向量组成。而且关系数据库只支持第一范式及以上级别范式的关系模式。因此，满足第一范式是最基本的规范化要求。

【例 2-3】假设有一关系模式 R（系别，高级职称人数）如表 2-7 所示。

表 2-7　例 2-3 关系模式 R

系别	高级职称人数	
	教授	副教授
计算机	6	8
经管	4	5
电子工程	3	6

由 1NF 的定义可知，上述关系模式并不满足第一范式，因为"高级职称人数"是由两个基本项（教授和副教授）共同组成的复合数据项，是可再分的。

解决办法：将所有可再分数据项拆分成为不可再分独立的最小数据项，如表 2-8 所示。

表 2-8　修改后的关系模式 R

系别	教授人数	副教授人数
计算机	6	8
经管	4	5
电子工程	3	6

然而，一个关系模式仅仅属于第一范式是不实用的。例如，例 2-1 给出的关系模式 R（sno，sname，sdept，dadd，bno，bname，author，sno，bno，borrowdate，restoredate）完全满足 1NF，但它存在大量的数据冗余、插入异常、删除异常和更新异常。为什么会存在这些问题呢？首先分析关系模式 R 中的函数依赖关系，如图 2-2 所示。

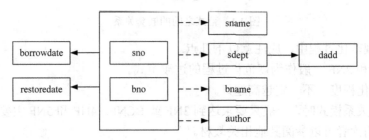

图 2-2　例 2-1 关系模式 R 的函数依赖

图 2-2 中实线箭头、虚线箭头分别表示完全和部分函数依赖，由此可见，上述关系模式中既存在完全函数依赖，又存在部分函数依赖和传递依赖。这种情况在数据库中是不允许的。

2. 第二范式（2NF）

定义 2.6　若关系模式 $R \in 1NF$，且 R 中的每个非主属性都完全函数依赖于主码，则称 R 满足第二范式，简记为 $R \in 2NF$。

从上述定义可以得到两个结论。

① 从 1NF 关系中消除非主属性对主码的部分函数依赖，可得到 2NF 关系。

② 如果 R 的主码只由一个属性组成，那么这个关系就肯定是 2NF 关系。

例如，例 2-1 的 R 关系模式就不是 2NF，前面已经介绍了这个关系存在若干异常操作，而这些异常是由于关系中存在部分函数依赖造成的。可以遵循"一事一地"的原则，让一个关系只描述一个实体或者实体间的联系。如果多于一个实体或联系，则进行模式分解，将一个非 2NF 分解成多个 2NF 的关系模式。

【例 2-4】将例 2-1 的关系模式 R（sno，sname，sdept，dadd，bno，bname，author，sno，bno，borrowdate，restoredate）去掉部分函数依赖，规范化为 2NF。

其分解过程如下。

① 用组成主码的属性集合的每个子集作为主码构成一个新的关系模式，可得到以下 3 个关系模式：

student（sno，sname，…）

book（bno，bname，…）

borrowrestore（sno，bno，…）

② 将完全函数依赖于这些主码的属性放到相应关系模型中,得到规范化的 3 个关系:

student（sno，sname，sdept，dadd）

book（bno，bname，author）

borrowrestore（sno，bno，borrowdate，restoredate）

> 注意:按①和②得到的关系模式中,如果存在且只有主码这一个属性的关系模式,则需要放弃该关系模式。

分解后的关系模式如图 2-3 所示,非主属性已经完全依赖于主码。因此,student∈2NF,book∈2NF,borrowrestore∈2NF。但图中还明显存在 sdept→dadd,仍然存在异常问题。

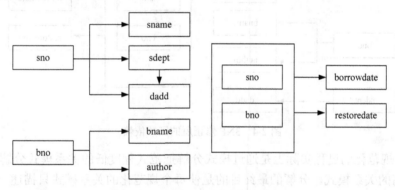

图 2-3　2NF 分解后的函数依赖

3. 第三范式（3NF）

定义 2.7　若关系模式 $R∈2NF$,且每个非主属性都不传递依赖于主码,则称 R 满足第三范式,简记为 $R∈3NF$。

由定义可知,若 $R∈3NF$,则每个非属性既不部分函数依赖于主码,也不传递依赖于主码,即若 $R∈3NF$,则必有 $R∈2NF$。

【例 2-5】继续将例 2-4 的关系模式 student（sno，sname，sdept，dadd）规范化为 3NF。

去掉传递函数依赖关系的分解过程如下。

① 对于不是候选码的每个决定因子,从关系模式中删去依赖于它的所有属性,即

student（sno，sname，sdept）

② 新建一个关系模式,新关系模式包含在原来关系模式中所有依赖于该决定因子的属性,并将该决定因子作为新关系的主码,即

dept（sdept，dadd）

这样，原来的一个关系模式分解为两个关系模式（student 和 dept），由分析可知 student∈3NF、dept∈3NF。由于模式分解后，原来一张表中的信息被分解在多张表中表达。因此，为了能够表达分解前关系的语义，分解得到的关系模式除了要用横线标识主码外，还要用波浪线标识外码。

至此，例 2-1 的"不好"关系模式 R，通过 1NF、2NF、3NF 规范化为以下 4 个"好"的关系模式，其函数依赖如图 2-4 所示。

student（<u>sno</u>，sname，sdept）

book（<u>bno</u>，bname，author）

dept（<u>sdept</u>，dadd）

borrowrestore（<u>sno，bno</u>，borrowdate，restoredate）

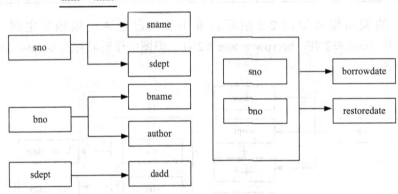

图 2-4　3NF 修正后的函数依赖

因此，规范化的过程实际上是通过模式分解把范式程度低的关系模式分解为若干个范式程度高的关系模式，分解的最终目的是使每个规范化的关系模式只描述一个主题，即"一事一地"。例 2-1 的关系模式 R 规范化到 3NF 后，操作异常全部消失。因此，在数据库设计中，一般要求关系模式达到 3NF 就基本符合规范化理论了。

4. BCNF

BCNF（Boyce Codd normal form）是由 Boyce 与 Codd 于 1974 年共同提出的，它比 3NF 的约束条件又进一步，通常认为 BCNF 是修正的第三范式，有时也称为扩充的第三范式。

首先分析 3NF 关系中还有可能存在的问题。

【例 2-6】假设有关系模式 R（sno，sname，bno，borrowdate），且任何情况下学生都没有重名，关系 R 存在函数依赖为

（sno，bno）→ borrowdate

（sname，bno）→ borrowdate

sno↔sname

可以判断出 R 有两个候选码，即（sno，bno）和（sname，bno）。唯一的非主属性 borrowdate 对主码都不存在部分函数依赖，也不存在传递函数依赖，所以 $R∈3NF$。但是，由于 sno↔sname，即决定因子 sno 和 sname 不包含候选码，存在主属性对非候选码

的部分函数依赖。当更改某个学生姓名时，必须搜索出该学生的每个记录，并逐一修改，这样仍然容易造成数据重复和不一致问题，这时就需要考虑用 BCNF 修正。

定义 2.8 若关系模式 $R \in 3NF$，所有的函数依赖 $X \to Y$，且 $Y \not\subseteq X$，决定因素 X 都含有候选码，则 R 满足 BCNF，简记为 $R \in BCNF$。

通俗地讲，当且仅当关系 R 中的每个函数依赖的决定因子都是候选码时，即为 BCNF。

这里需特别说明如下。

① 3NF 和 BCNF 的区别在于，对一个函数依赖 $X \to Y$，3NF 允许 Y 是主属性，而 X 不是候选码。但 BCNF 要求 X 必须是候选码。

② 若 $R \in BCNF$，则 $R \in 3NF$。但是，若 $R \in 3NF$，则未必有 $R \in BCNF$。

③ 如果一个关系数据库的所有关系模式都属于 BCNF，那么在函数依赖范畴内，它已经达到了最高的规范化程度，一定程度上消除了冗余、更新、插入和删除异常。

在大多数情况下，3NF 的关系模式都是 BCNF 的，只有在以下特殊情况下，3NF 的关系违反 BCNF。

① 关系中包含两个或两个以上复合候选码。

② 候选码中有重叠，通常至少有一个重叠的属性。

3NF 关系转换成 BCNF 的方法：消除主属性对候选码的部分和传递函数依赖即可。将例 2-6 进行 BCNF 规范后为

R_1（<u>sno</u>，sname）

R_2（<u>sno，bno</u>，borrowdate）

【例 2-7】设有一关系模式 book（bisbn，bname，author）的属性分别表示书的 ISBN、书名和书的作者，如果规定，每个书号只对应一个书名，但不同的书号可以有相同的书名；每本书可以由多个作者合作编写，每个作者参与编写的书名可以不同。这样规定可以得出以下两个函数依赖，即

bno $\to$ bname

（author，bname）$\to$ bno

book 的候选码是（bno，author）或（author，bname），因而 book 的属性都是主属性，book $\in 3NF$，但 bno$\to$bname，决定因子不包含候选码，即属性 bname 传递函数依赖于候选码（author，bname），因此 book 不是 BCNF。例如，一本书由多个作者编写时，其书名和书号间的联系在关系中将多次出现，带来冗余和操作异常。

将 book 模式分解成 book1（<u>bisbn</u>，bname）和 book2（<u>bisbn</u>，author），能解决上述问题，且 book1 和 book2 都是 BCNF。

> ⚠ 注意：3NF 的"不彻底性"表现在可能存在主属性对候选码的部分依赖和传递依赖。如果一个关系模型中所有关系模式都属于 BCNF，那么在函数依赖的范畴内，就已经实现了彻底的分离，消除了异常。

至此，已系统地讨论了关系模式的规范化问题，规范化是通过对已有关系模式进行

模式分解实现的。把低一级的关系分解为多个高一级的关系，使模式中的各个关系达到某种程度的分离，让一个关系只描述一个实体或实体间的联系。规范化实质上就是概念的单一化。规范化过程如图 2-5 所示。

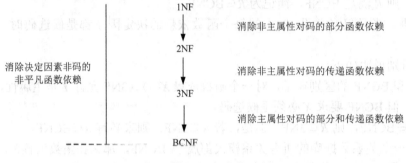

图 2-5　规范化过程

2.3　关系模式的分解准则

微课：关系模式的
分解准则

　　既然已经对"不好"的关系模式进行了规范化，为什么还要讨论关系模式的分解准则呢？其实分解一个关系模式的方案往往并不是只有一种，在众多的分解方案中如何选择一种最优的方案，就需要遵循一定的分解准则，这些准则可以帮助设计者准确地找到最佳的分解模式。下面首先看一个例子。

【例 2-8】设一关系模式 R（sno，sdept，dadd），有函数依赖 sno→ sdept、sdept → dadd。显然这个关系模式不是第三范式，对于此关系模式至少可以有以下 3 种分解方案。

① S-D（sno，dadd），SD-D（sdept，dadd）。

② S-SD（sno，sdept），S-D（sno，dadd）。

③ S-SD（sno，sdept），SD-D（sdept，dadd）。

这 3 种分解方案得到的关系模式都满足第三范式，那么如何比较这 3 种方案的好坏、如何选择最终的分解方案呢？为此我们想到，可以从 3 个不同的角度，用 3 个不同的准则衡量关系模式的"等价性"：分解具有"无损连接性"；分解具有"函数依赖保持性"；分解既具有"无损连接性"，又具有"函数依赖保持性"。

　　方案①分解具有"无损连接性"，是指分解后的关系模式通过自然连接可以恢复成原来的样子，即通过自然连接得到的关系与原来的关系相比，既不多出信息，又不丢失信息。

　　方案②分解具有"函数依赖保持性"，是指在模式分解过程中，函数依赖不能丢失的特性，即模式分解不能破坏原来的语义。

　　注意：自然连接是指两个含有相同属性值的关系模式进行合并，并在结果中把重复的属性去掉。

现对例 2-8 中的 3 种分解方案进行分析,表 2-9 是某一时刻关系模式 R 的一个数据实例。

表 2-9　例 2-8 关系模式 R 的数据实例

sno	sdept	dadd
1001	计算机	综合楼
1002	计算机	综合楼
1003	经管	求实楼
1004	电子工程	综合楼

分析可知,若按照方案①,将模式 R 分解为 S-D 和 SD-D,意味着将 R 投影到 S-D 和 SD-D 属性上,得到以下数据表(表 2-10 和表 2-11)。

表 2-10　S-D 关系模式

sno	dadd
1001	综合楼
1002	综合楼
1003	求实楼
1004	综合楼

表 2-11　SD-D 关系模式

sdept	dadd
计算机	综合楼
经管	求实楼
电子工程	综合楼

将表 2-10 和表 2-11 做自然连接,得到表 2-12。可以看出,表中(1001,电子工程,综合楼)、(1002,电子工程,综合楼)和(1004,计算机,综合楼)这 3 条数据不是原来的元组。因此,无法从表 2-12 中得知原来关系中有哪些真实元组,这不是希望得到的结果。

表 2-12　S-D 和 SD-D 自然连接结果

sno	sdept	dadd
1001	计算机	综合楼
1001	电子工程	综合楼
1002	计算机	综合楼
1002	电子工程	综合楼
1003	经管	求实楼
1004	计算机	综合楼
1004	电子工程	综合楼

若按照方案②,将模式 R 分解为 S-SD 和 S-D,意味着将 R 投影到 S-SD 和 S-D 属性上,得到以下数据表(表 2-13 和表 2-14)。

表 2-13　S-SD 关系模式

sno	sdept
1001	计算机
1002	计算机
1003	经管
1004	电子工程

表 2-14　S-D 关系模式

sno	dadd
1001	综合楼
1002	综合楼
1003	求实楼
1004	综合楼

对表 2-13 和表 2-14 做自然连接，得到表 2-15。可以看出，分解后的关系经自然连接后恢复成原来的关系，因此，方案②具有无损连接性。但经过进一步分析，假设学生 1001 从计算机系转到了经管系，于是需要将 S-SD 表中（1001，计算机）修改为（1001，经管），S-D 表中（1001，综合楼）修改为（1001，求实楼）。如果这两个修改不同步，则数据库中就会出现数据不一致性。原来的函数依赖 sdept→dadd 在分解后既没有投影到 S-SD 关系中，也没有投影到 S-D 关系中，因此，方案②没有保持原有的函数依赖性，不是好方案。

表 2-15　S-SD 和 S-D 自然连接结果表

sno	sdept	dadd
1001	计算机	综合楼
1002	计算机	综合楼
1003	经管	求实楼
1004	电子工程	综合楼

最后看方案③。经过简单分析可以看出，这个方案具有无损连接性，也保持原有的函数依赖性，因此，是一个好方案。

一般情况下，在模式分解时，应将有直接依赖关系的属性放在同一个关系模式中，如方案③，这样得到的分解结果往往同时符合两大准则。

无损连接性和函数依赖保持性是两个相互独立的标准。具有无损连接性的分解不一定具有函数依赖保持性。同样，具有函数依赖保持性的分解不一定具有无损连接性。

规范化理论提供了一套完整的模式分解方法，如果分解既具有无损连接性，又具有函数依赖保持性，则分解一定能够达到 3NF，但不一定能够达到 BCNF。所以在 3NF 的规范化中，两条准则都需要检查，只有这两条准则都满足，才能保证分解的正确性和有效性。

本章小结

本章首先应掌握函数依赖的 3 种重要类型，即完全函数依赖、部分函数依赖和传递函数依赖，这是理解 1NF、2NF、3NF 的理论基础和前提。对于一个数据库逻辑设计，规范化到 3NF 就基本达到规范化理论要求，绝大部分异常基本可以解决。因此，对于 1NF、2NF、3NF 的数学定义，以及模式分解的方法和步骤，既是本章的重点又是难点。另外，还应了解关系模式分解的两大准则，即无损连接性和函数依赖保持性，有助于得到正确的分解。

习题

一、选择题

1. 关系规范化中的更新异常是指（　　　）。

A．不该更新的数据被更新　　　　B．应该更新的数据未更新

C．不该插入的数据被更新　　　　D．应该插入的数据未更新

2．设计性能较优的关系模式称为规范化，规范化主要的理论依据是（　　）。

A．关系运算理论　　　　　　　　B．关系代数理论

C．数理逻辑　　　　　　　　　　D．关系规范化理论

3．当关系模式 R（A，B）已属于 2NF，下列说法中正确的是（　　）。

A．一定满足 3NF　　　　　　　　B．可能还存在异常

C．一定属于 BCNF　　　　　　　D．消除了所有异常

4．关系模型中的关系模式至少是（　　）。

A．1NF　　　　　B．2NF　　　　　C．3NF　　　　　D．BCNF

5．在关系 R 中，若函数依赖集中所有候选关键字都是决定因素，则 R 的最高范式是（　　）。

A．1NF　　　　　B．2NF　　　　　C．3NF　　　　　D．BCNF

6．消除了部分函数依赖的 1NF 的关系模式，必定是（　　）。

A．1NF　　　　　B．2NF　　　　　C．3NF　　　　　D．BCNF

7．下列选项中，（　　）不是对于不满足 3NF 的关系模式的解决方法。

A．新增关系模式　　　　　　　　B．删除部分属性

C．将一个关系拆分为多个　　　　D．修改主属性

二、填空题

1．在关系 A（S，SN，D）和 B（D，CN，NM）中，A 的主码是 S，B 的主码是 D，则 D 在 S 中称为_____。

2．对于非规范化的模式，经过_____转变为 1NF，将 1NF 经过_____转变为 2NF，将 2NF 经过_____转变为 3NF。

三、简答题

1．关系规范化中的操作异常有哪些？

2．设关系 R，它的主码只由一个属性组成，如果 $R \in$ 1NF，则 R 是否一定属于 2NF？

3．简述关系模式分解的两大准则。

4．设某商业集团数据库中有一关系模式 R 如下：

R（商店编号，商品编号，数量，部门编号，负责人）

如果规定：①每个商店的每种商品只在一个部门销售；②每个商店的每个部门只有一个负责人；③每个商店的每种商品只有一个库存数量。试回答下列问题：

① 根据上述规定，写出关系模式 R 的基本函数依赖。

② 找出关系模式 R 的候选码。

③ 试问关系模式 R 最高已经达到第几范式，为什么？

④ 如果 R 不属于 3NF，请将 R 分解成 3NF 模式集。

上机实训

假设已对成绩管理系统的数据库初步设置了以下关系模式：

学生（学号，姓名，性别，年龄，系名，系地址）

课程（课程号，课程名，学分，学时）

选课（学号，姓名，课程号，课程名，日期）

经过分析，以上关系不满足 1NF、2NF、3NF，请分别指出具体哪些地方不满足哪些范式，并说明原因，针对每个范式做出相应的修改。

第 3 章　关系数据库标准语言 SQL

　　SQL（structured query language）是关系数据库的标准语言，它是介于关系代数和关系演算之间的一种语言。目前，几乎所有的关系数据库管理系统都支持 SQL，该语言是一种综合性的数据库语言，可以实现对数据的定义、检索、操纵、控制和事务管理等功能。

3.1　SQL 概述

　　1970 年，Codd 在 *Communications of the ACM*（June 1970）上发表 A Relation Model of Data for Large Shared Databanks（《大型共享数据银行中数据的关系模型》）一文，开创了关系方法和关系数据理论的研究，奠定了关系数据库研究与发展的基础。1972 年，IBM 公司开始研制实验型关系数据库管理系统 System R 项目，并为其配置了 SQUARE（speecifying queries as relational expression）查询语言，其特征是使用了较多的数学符号。1974 年，Boyce 和 Chamberlin 在 SQUARE 语言的基础上进行了改进，开发出了 SEQL（structured English query language）语言。SEQL 语言使用英语单词表示操作和结构化语法规则，使得相应的操作表示与英语语句相似，受到用户的欢迎。1977—1979 年，IBM 公司 San Jose Reserarch Laboratory 研制成功了著名的关系数据库管理实验系统 System R，实现了 SQUARE，并将 SQUARE 简写为 SQL。

　　由于 SQL 简单易学，使用方便，同时它也是一个综合的、功能极强的语言，所以很快被计算机工具界所接受，被数据库厂商所采用，经过各个公司的不断修改、扩充和完善，SQL 得以在业界通用。1986 年 10 月，经美国国家标准学会（American National Standard Insitute，ANSI）的数据库委员会 X3H2 批准，SQL 成为美国关系数据库语言标准，同年公布了标准 SQL 文本（简称 SQL-86）。1987 年 6 月，国际标准化组织（Inernational Organization for Standardization，ISO）也通过了这一标准。随着数据库技术的不断发展，SQL 标准也不断丰富和发展。ANSI 在 1989 年 10 月又发布了增强完整性特征的 SQL-89 标准；1992 年，增加了 SQL 调用接口和永久存储模块，发布了 SQL-92 标准（被称为"SQL 2"）；1999 年，扩展了类型系统以支持扩展的标量类型、明晰类型及复杂类型，增加了宿主和对象语言绑定、外部数据管理，发布了 SQL-99（被称为"SQL 3"）。在 1999 年，标准命名有了变化，均以"SQL：年份"格式命名，如"SQL-99"的新名称为"SQL：1999"。在 2003 年，发布了对象模型和 XML 模型，标志着从传统的关系模型到非关系模型的第二次扩充，形成标准 SQL：2003。SQL 标准通常每 3 年左右修订一次，在 2006 年、2008 年和 2011 年，SQL 标准分别有一些修改和补充，发布了 SQL：2006、SQL：2008、SQL：2011。Wikipedia 网站详细介绍了 SQL 发展和内容，有兴趣的读者可自行查阅。

3.1.1 SQL 特点

微课：SQL 概述 1

虽然 SQL 经常被称为结构化查询语言，但不同于一般程序设计语言侧重的数据计算和处理，它更偏向于批量数据的操纵和管理。在关系代数和关系演算的理论基础上，SQL 实现了基于关系模式的数据定义（data definition）、数据查询（data query）、数据操纵（data manipulation）和数据控制（data control）的集成，功能强大，简单易学。SQL 主要有以下 5 个特点。

1. 一体化

SQL 语言风格统一，可以完成关系数据库活动的全部工作，包括创建数据库、定义关系模式、数据查询、更新和安全控制以及数据库的维护等工作。SQL 语言把数据定义、数据操纵、数据控制的功能一体化，为数据库系统的开发提供了良好的环境，而且数据库系统投入运行后的维护也简单，即使为满足新的需要而进行数据重组织，也不需要停止现有数据库的运行，从而使数据库系统具有良好的可扩展性。

2. 高度非过程化

使用 SQL 语言访问数据库时，仅仅需要使用 SQL 语言描述要"做什么"，即可提交给 DBMS，由 DBMS 自动完成相应任务。基于 SQL 的关系数据库系统的开发，免除了用户描述操作过程的麻烦，这样用户更能集中精力考虑要"做什么"和期望得到的结果，而且关系数据库中文件存取路径对用户来说是透明的，有利于提高数据的物理独立性。

3. 面向集合的操作方式

在非关系数据模型中，采用基本数据类型或基于结构体的记录来管理数据，不仅需要逐个记录处理操作的数据，而且还需要知道数据存储的文件和物理结构，数据库系统开发和维护的操作过程冗长复杂。而 SQL 语言采用的是面向集合（data set）的操作方式，且操作对象和操作结果都是元组的集合，特别适合于批量数据的处理。

4. 统一的语法结构提供两种使用方式

SQL 通过自含式语言和嵌入式语言两种方式对数据库进行访问，这两种方式使用的是统一的语法结构。使用前一种方式的用户直接通过管理工具输入 SQL 命令，使用后一种方式的用户则将 SQL 语句嵌入高级语言（如 C、C++、Java、Visual C++、ASP、JSP、PHP 等）程序中。

5. 语言简洁、易学易用

SQL 语言不但功能强大，而且设计构思巧妙，语言结构简单易懂，易学易用。SQL 完成核心功能只用了 9 个动词，也就是说，只要掌握这 9 个动词，SQL 就基本掌握了。

① 数据定义。定义、删除和修改数据库中的对象，如数据库、关系表、视图等，涉及 3 个动词，即 CREATE（创建）、DROP（删除）和 ALTER（修改）。

② 数据查询。数据查询是数据库中使用最多的操作，可查询满足某条件的数据，使用关键词 SELECT（查询）。

③ 数据操纵。实现关系表中记录的增加、删除和修改，完成数据库的更新功能，涉及 3 个动词，即 INSERT（插入）、UPDATE（更新）和 DELETE（删除）。

④ 数据控制。控制用户对数据库的操作权限管理，使用动词 GRANT（授权）和 REVOKE（收回）。

3.1.2　SQL 体系结构

关系数据库体系结构分为外模式、模式和内模式三级。SQL 语言也支持关系数据库的三级模式结构，利用 SQL 语言可实现对三级模式的定义、修改和数据操纵等功能，并可在此基础上形成 SQL 体系结构。SQL 体系结构的术语与传统关系模型术语不同，其外模式对应于视图（view），模式对应于基本表（base table），内模式对应于存储文件（stored file），如图 3-1 所示。

微课：SQL 概述 2

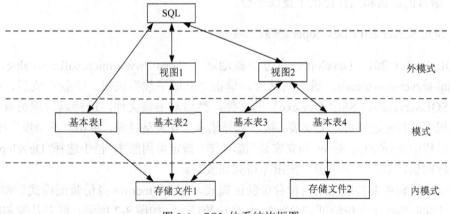

图 3-1　SQL 体系结构框图

SQL 体系结构主要内容如下。

① 外模式由视图组成，也称为子模式，它是根据不同应用的需求获得模式的一部分。这样，一个数据库系统的外模式可以有多个。视图是从一个或者几个基本表导出的虚表，它本身并不独立存储在数据库中，数据库中只存放视图的定义，当需要读取视图数据时再从相应的表中读取。

② 模式是逻辑结构，由若干基本表组成。一个数据库系统的模式只有一个。基本

表是独立存在的表，在 SQL 中一个关系对应一个基本表。一个基本表存储在一个物理文件中，也可以多个基本表存储在一个物理文件中。

③ 内模式是物理结构，由若干个存储文件组成，存储文件可以分组管理。一个数据库系统的内模式只有一个。存储文件是基本表存储在永久存储结构中的信息。用户可以根据应用环境选择存储结构和存取方法，物理结构以及存储细节对用户是透明的。

3.2　SQL Server 2017 下载与安装

微课：SQL Server 2017
下载与安装

SQL 语言的编写和运行需要 DBMS 产品提供支持，这里选择两种经典数据库产品——SQL Server 和 MySQL 作详细讲解。本节首先介绍 SQL Server 的安装与配置。

SQL Server 是由 Microsoft 公司开发和推广的关系数据库管理系统（DBMS），它最初是由 Microsoft、Sybase 和 Ashton-Tate 三家公司共同开发的，并于 1988 年推出了第一个 OS/2 版本。Microsoft SQL Server 近年来不断更新版本，1996 年，Microsoft 推出了 SQL Server 6.5 版本；1998 年，SQL Server 7.0 版本和用户见面；SQL Server 2000 是 Microsoft 公司于 2000 年推出，目前常用版本是 2017 年推出的 SQL Server 2017。

SQL Server 2017 的安装分为两步，第一步是安装 SQL Server 2017 Developer；第二步是安装 SQL Server Management Studio（SSMS）。SSMS 是 SQL Server 的管理工具，为 SQL 语言的编辑和运行提供了集成平台。

1. SQL Server 2017 Developer 下载与安装

SQL Server 2017 Developer 官方下载地址为 https://www.microsoft.com/zh-cn/sql-server/sql-server-downloads，进入网站后，单击"立即下载"按钮。下载完成后，找到名为"SQLServer2017-SSEI-Dev.exe"的文件，然后双击该文件，选择以管理员身份运行安装程序。首先选择自定义安装；接着选择语言、安装路径等，单击"下一步"按钮；在"安装"栏中选择"SQL Sever 独立安装"选项，在"指定可用版本"栏中选择"Developer"，其余保持默认，单击"下一步"按钮即可完成安装。

在安装过程中要特别注意两种身份验证模式，即"Windows 身份验证模式"和"混合模式（SQL Server 身份验证和 Windows 身份验证）"，如图 3-2 所示。前者是安装时默认选择的，这种模式不需要输入密码，一般适用于本地数据库的连接使用；选择后者，安装时要求设置密码，这个密码是用于超级管理员 SA（super administrator）登录时使用的，一般适用于远程连接数据库服务器时使用，建议安装时一并设置好，以备不时之需。

2. SQL Server Management Studio 下载与安装

SQL Server Management Studio 官方下载地址为 https://docs.microsoft.com/en-us/sql/ssms/download-sql-server-management-studio-ssms?view=sql-server-2017，进入网站下载后

采用默认安装即可。选择"开始"→"所有程序"→SQL Server 2017→SQL Server Management Studio，启动 SSMS，如图 3-3 所示。

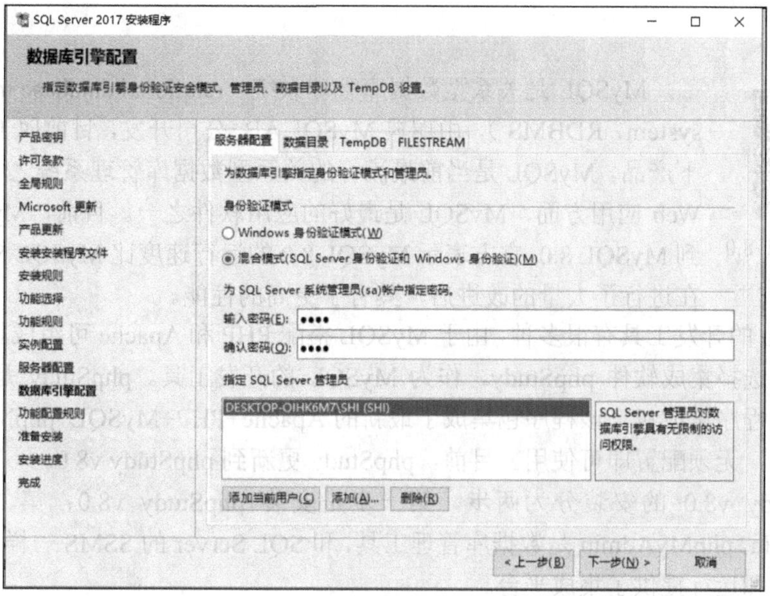

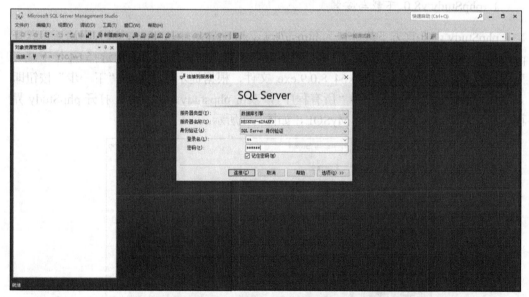

图 3-2 SQL Server 2017 身份验证安装

图 3-3 SSMS 安装启动界面

在图 3-3 中，如果连接的是本地数据库，"服务器名称"文本框中可以输入"（local）"
"."或本地计算机的名称，"身份验证"选择默认的"Windows 身份验证"；如果连接的是
远程数据库服务器，则"服务器名称"文本框中输入远程数据库服务器的名称，"身份验
证"选择"SQL Server 身份验证"，同时输入"登录名"为 sa，"密码"采用安装时选择
混合模式输入的密码。

3.3 MySQL 8.0 下载与安装

微课：MySQL 8.0
下载与安装

　　MySQL 是关系型数据库管理系统（relational database management system，RDBMS），由瑞典 MySQL AB 公司开发，目前属于 Oracle 旗下产品。MySQL 是当前最流行的关系型数据库管理系统之一，尤其在 Web 应用方面，MySQL 是最好的应用软件之一。目前，MySQL 更新到 MySQL 8.0，官方表示 MySQL 8.0 的运行速度比 MySQL 5.7 快 2 倍，在进行了大量的改进后，具有了更高的性能。

　　MySQL 的开发工具有很多种，由于 MySQL 搭配 PHP 和 Apache 可组成良好的开发环境，这里选择集成软件 phpStudy，作为 MySQL 的开发工具。phpStudy 是一个 PHP 调试环境的程序集成包，该程序包集成了最新的 Apache+PHP+MySQL+phpMyAdmin，一次性安装，无须配置即可使用。目前，phpStudy 更新到 phpStudy v8.0。

　　phpStudy v8.0 的安装分为两步，第一步是安装 phpStudy v8.0；第二步是安装 phpMyAdmin。phpMyAdmin 是数据库管理工具，和 SQL Server 的 SSMS 一样，也为 SQL 语言的编辑和运行提供了集成平台。

　　1. phpStudy v8.0 下载与安装

　　phpStudy v8.0 官方下载地址为 https://www.xp.cn/download.html，进入网站后，选择 phpStudy v8.0 版本（Windows），单击"下载"按钮，在弹出的页面中选择 64 位下载。下载完成后，双击 phpstudy_x64_8.0.9.exe 文件，根据提示依次单击"下一步"按钮即可完成安装。选择"开始"→"所有程序"，双击 phpstudy_pro 文件，打开 phpStudy 界面，依次启动 Apache、FTP、MySQL，如图 3-4 所示。

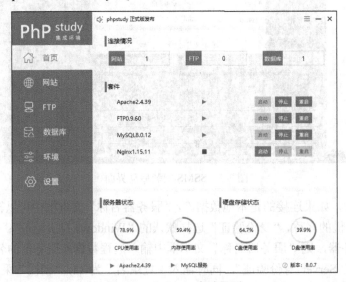

图 3-4　phpStudy 启动界面

2. phpMyAdmin 下载与安装

单击图 3-4 左侧的"环境"选项，选择右边的"数据库工具（Web）"选项，单击"安装"按钮，在弹出的窗口中勾选"选择"复选框，再单击"确认"按钮，即可完成 phpMyAdmin 的安装。单击"管理"按钮，自动通过浏览器打开 phpMyAdmin，如图 3-5 所示。本地数据库使用的默认"用户名"为 root，"密码"为 root。

图 3-5　phpMyAdmin 启动界面

3.4　数据定义

SQL 的数据定义功能是定义数据库及其对象（基本表、视图、索引等）的数据结构。包括创建对象（CREATE）、修改对象（ALTER）、删除对象（DROP）。需特别说明的是，所有 SQL 语句的标点符号应为英文状态下的标点符号。

3.4.1　创建和删除数据库

数据库是按一定格式存放数据的仓库，用户创建的所有数据库对象都存放在这个仓库里。数据库是数据库设计首先定义的结构。

一般说来，绝大部分数据库操作都有两种方式：一种是代码操作，即在 DBMS 里编辑和运行 SQL 代码；另一种是鼠标操作，即在 DBMS 里用鼠标完成全部操作。本书选用 SQL Server 和 MySQL 两种 DBMS，这样数据库操作方式有 4 种。下面以一个实例详细介绍这 4 种操作。

微课：创建和删除
数据库

【例 3-1】为图书管理系统创建一个数据库 bookmanage 后，再删除。

（1）代码操作（SQL Server）

代码操作的核心是要掌握 SQL 代码的基本语法，只有严格按照语法编写的代码才不会报错，才能成功运行。下面给出创建和删除数据库的 SQL 语法格式。

① 创建数据库。

  create database 数据库名

② 删除数据库。

  drop database 数据库名

下面按语法格式编写并运行创建和删除数据库 bookmanage 的 SQL 代码。

启动 SSMS，以（local）服务器和 Windows 身份验证登录，进入主界面。单击最上方工具栏的"新建查询"按钮，打开一个空白工作区。在空白工作区内输入 SQL 代码，如图 3-6 所示，输入完成后，单击工具栏中的"执行"按钮运行。

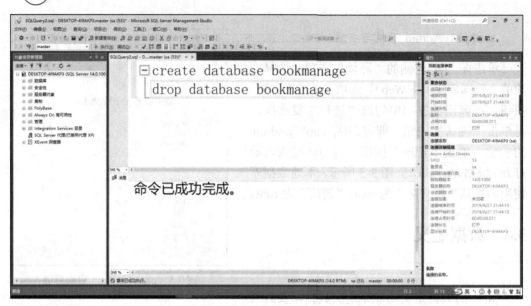

图 3-6　SQL Server 代码操作

这里有几点需要特别说明。

- SQL Server 以行或 ";" 表示一条 SQL 语句的结束，为了增加程序的可读性，建议一行只写一条 SQL 语句，此时 ";" 可省略。
- SQL 代码不区分大小写。
- 可用 "/*…*/" 进行 SQL 代码注释。
- SQL Server 的 "执行" 有两种：一种是全部执行，如图 3-6 所示，直接单击 "执行" 按钮，程序从上至下依次运行，表示先创建数据库 bookmanage 后再将其删除；另一种是部分执行，如图 3-6 所示，可先选中第一行，单击 "执行" 按钮，数据库 bookmanage 被成功创建，如果想删除，可再选中第 2 行，再单击 "执行" 按钮，该数据库才被删除。
- 执行成功后，还需进行 "刷新" 操作，才能正常显示。
- 本章所有 SQL Server 的代码操作过程都是相同的，只是内容不同。因此，后续讲解只说明 SQL 代码内容，不再重复其操作过程。

（2）代码操作（MySQL）

几乎所有的 DBMS 都支持标准化 SQL 语言，也就是说，大部分的 SQL 语法格式在 SQL Server 和 MySQL 中是通用的，所以如无特别说明，在代码操作时，SQL 语法格式不用分 DBMS，描述一次即可。

启动 phpMyAdmin，输入用户名 root，密码 root，进入主界面，单击上方的 SQL 按钮，打开一个空白工作区。在空白工作区内输入 SQL 代码，如图 3-7 所示。代码输入完成后，单击下方的 "执行" 按钮可运行结果。

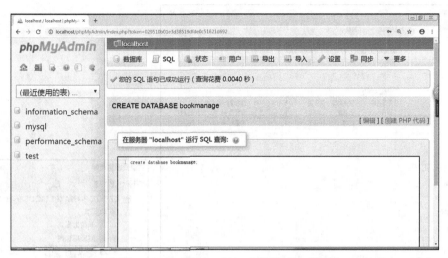

图 3-7　在 phpMyAdmin 中编写 SQL 代码

这里同样有几点需要特别说明。

- 和 SQL Server 不同，MySQL 只以 ";" 作为 SQL 语句的结束，所以每条语句写完都要加上 ";"，同时为了增加代码的可读性，建议一行仍然只写一条 SQL 语句。
- 和 SQL Server 一样，MySQL 的代码同样不区分大小写。
- 和 SQL Server 不同，MySQL 中用 "--" 进行 SQL 代码注释。
- 和 SQL Server 不同，MySQL 的 "执行" 只有全部执行一种，所以每次编写 SQL 代码都需要清空工作区或者打开一个新的空白工作区。
- 和 SQL Server 不同，执行成功后，无须刷新，系统自动显示运行结果。
- 和 SQL Server 一样，本章所有 MySQL 的代码操作过程都是相同的，只是内容不同，因此后续讲解同样只说明 SQL 代码内容，不再重复其操作过程。

　注意：清空工作区是指将之前的代码全部删除，重新编写新代码。

（3）鼠标操作（SQL Server）

① 定义数据库。进入 SSMS 主界面，右击界面左边的 "数据库"，选择快捷菜单中的 "新建数据库" 命令，在 "数据库名称" 文本框中输入 bookmanage，如图 3-8 所示，单击 "确定" 按钮。返回 "对象资源管理器"，再次右击 "数据库"，选择快捷菜单中的 "刷新" 命令，可以看到新建的 bookmanage 数据库，如图 3-9 所示。

② 删除数据库。进入 SSMS 主界面，右击界面左边的 bookmanage，选择快捷菜单中的 "删除" 命令，在弹出的窗口中单击 "确定" 按钮即可完成删除操作，如图 3-10 所示。

图 3-8　SQL Server 鼠标操作创建数据库　　　　　　图 3-9　bookmanage 创建成功

图 3-10　SQL Server 鼠标操作删除数据库

（4）鼠标操作（MySQL）

① 定义数据库。进入 phpMyAdmin 主界面，单击"数据库"选项卡，在"新建数据库"的文本框中输入 bookmanage，如图 3-11 所示，单击"创建"按钮即可完成。

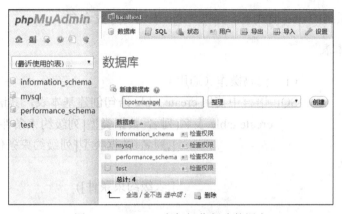

图 3-11　MySQL 鼠标操作创建数据库

② 删除数据库。进入 phpMyAdmin 主界面，单击"数据库"选项卡，选中 bookmanage 复选框，如图 3-12 所示，单击"删除"按钮即可完成。

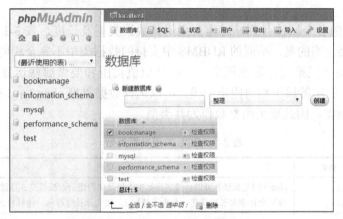

图 3-12　MySQL 鼠标操作删除数据库

　注意：鼠标操作和代码操作各有优缺点。

① 鼠标操作优点很明显，简单易学，缺点是具有一定的局限性，一旦脱离 DBMS，如在开发数据库应用系统，需要在 Java、PHP 等高级语言中访问数据库时，则无法使用；而且在后期灵活多变的数据库查询时，鼠标操作也是无法完成的。

② 代码操作的优点是可以在任何情况下使用，而且可以轻松应对各种复杂的数据库操作，缺点是需要记忆大量的语法格式，学习难度较大。

由此可见，在鼠标操作和代码操作都可以使用的情况下，任选一种即可；但如果只能使用一种时，则必定是代码操作，因此代码操作是必须掌握的。

3.4.2　创建、修改和删除基本表

表（table）是数据库的基本对象，独立存在于模式中。如果说模式是房间，那么表就是这间房里的一张床。一个房间可以安置一张或多张床。默认情况下，所有基本表都

会自动存放到系统的 dbo 模式下，并以"dbo.表名"方式命名。

1. 创建基本表

微课：创建、修改
和删除基本表

（1）代码操作（通用）

SQL 语言中使用 create table 语句创建基本表，其语法格式为

create table 表名(列名　数据类型[列级约束条件]

[,列名　数据类型[列级约束条件]]

…

[,表级约束条件])

说明：

① 表名是所创建的基本表的名称，数据库的表名为标志符，如果包含空格则需要用单引号括起来，同时一个数据库中不允许有两个表同名。

② 一个表可由一个或多个属性（列）组成，列之间无顺序，但一个表中不能有同名列。

③ 定义表的各个属性（列）时需要指明其数据类型及长度，表 3-1 列出了常用的数据类型。需要说明的是，不同的 RDBMS 中支持的数据类型不完全相同。一个属性选用哪种数据类型要根据实际需求而定，一般从取值范围和要做哪些运算两个方面来考虑。例如，学生的年龄属于相对固定一类，可以选择数据类型 char(2)；但考虑到学生的年龄有增加的操作，因此要采用整数作为其类型。

表 3-1　SQL 常用数据类型

分类	类型名	说明
字符型	char(n) varchar(n)	char（固定长度）可以存储字符集中的任意字符组合，按长度 n 存储；varchar（可变长度）允许字符长度变化，最大不超过 n，按实际长度存储，能够自动删除后续的空格
整型	smallint int	都可表示整数，smallint 短整型比 int 整型的取值范围和所占字节数更小
小数型	float real	都可表示小数，float 单精度比 real 双精度的取值范围和所占字节数更小
日期时间	date datetime	date 表示年月日，datetime 表示年月日时分秒
二进制	binary(n)	以十六进制存储二进制字符串

④ 完整性约束条件是指对关系模式的某种约束，是对现实客观世界的要求，在任何时刻都要满足这些条件。它分为列级的完整性约束和表级的完整性约束，如果完整性约束条件涉及该表的多个属性列，则必须定义在表级上；否则既可以定义在列级上也可以定义在表级上。在关系模型中，完整性约束包括实体完整性、参照完整性和用户自定义完整性，都可以在表的定义中给出，如表 3-2 所示。

表 3-2　SQL 完整性约束条件

约束条件	含义	用法
primary key	主码	列名 类型 primary key(列级约束条件) primary key(列名 1,列名 2, ...)(表级约束条件)
unique	值唯一 不重复	列名 类型 unique（列级约束条件） unique(列名 1,列名 2, ...)(表级约束条件)
foreign key	设外码	foreign(本列列名)references 外表名(外表主码)
not null	不为空	列名 类型 not null
default	默认值	列名 类型 default 默认值
check	取值范围	列名 类型 check(列名的约束表达式)

具体说明如下。

- 实体完整性是指若属性（或属性组）A 是基本关系 R 的主属性，则 A 不能取空值。主要用于定义表的主码（primary key），属于列级约束条件，也可以定义在表级。
- 参照完整性是指若属性（或属性组）F 是基本关系 R 的外码，它与基本关系 S 的主码 K 相对应，则对于 R 中的每个元组在 F 上的值要么取空值，要么等于 S 中某个元组的主码值。主要用于定义外码（foreign key），属于表级约束条件，只能定义在表级。
- 用户自定义完整性是指由用户自定义的规则，根据具体应用对关系模式中的属性提出要求，包括对数据类型、数据格式、取值范围、空值约束（not null）、唯一性约束（unique）等，一般定义在列级，也可以定义在表级。

【例 3-2】设已有以下学生关系模式，在 bookmanage 中建立对应的基本表 student。

student（<u>sno</u>，sname，ssex，sage，sdept）

```
create table student ( sno char(10) primary key,
                       sname varchar(20) unique,
                       ssex char(4) check(ssex='男' or ssex='女'),
                       sage smallint,
                       sdept varchar(20) default '计算机')
```

【例 3-3】设已有以下图书关系模式，在 bookmanage 中建立对应的基本表 book。

book（<u>bno</u>，bname，author，price，publish，number）

```
create table book ( bno char(10) primary key,
                    bname varchar(20) unique,
                    author varchar(20),
                    price float,
                    publish varchar(20),
                    number smallint )
```

【例 3-4】设已有以下借阅关系模式，在 bookmanage 中建立对应的基本表 borrowrestore。

borrowrestore（<u>sno</u>，<u>bno</u>，borrowdate，restoredate，fine）

```
create table borrowrestore ( sno char(10),
                             bno char(10),
                             borrowdate date,
```

```
restoredate date,
fine float ,
primary key(sno,bno),
foreign key(sno) references student(sno),
foreign key(bno) references book(bno) )
```

⚠ 注意：① 用 SQL Server 代码创建基本表，包括其他对象操作前都需先用"use 数据库名"指定数据库，如第一行需加上 use bookmanage；第二行需加上 create table…。

② 在 MySQL 中创建基本表，包括其他对象操作前都需先单击数据库名，进入该数据库，再单击 ▦ SQL 按钮才能开始编写代码，否则系统报错。

③ 外码的数据类型、长度都需要和被参照表中的主码完全保持一致。

（2）鼠标操作（SQL Server）

以例 3-2 为例，进入 SSMS 主界面，在对象资源管理器中找到 bookmanage，单击"+"按钮展开，选择"表"并右击，选择快捷菜单中的"新建"→"表"命令，按照图 3-13 所示完成各个属性列的设置；接着选中"sno"并右击，选择快捷菜单中的"设置主键"命令；再选中 sdept，在下方"列属于"中找到"默认值或绑定"，在右侧输入"计算机"，最后将鼠标指针移到上方 dbo.Table_1 处右击，选择快捷菜单中的"保存"命令，在弹出的对话框中输入表名 student，单击"确定"按钮。

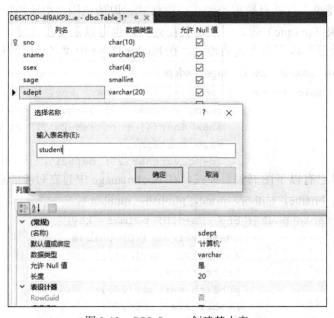

图 3-13　SQL Server 创建基本表

⚠ 注意：如果主码包含多列，如例 3-4，需要将（sno，bno）一起作为主码时，需要将 sno 和 bno 同时选中，再右击设置主码。

　　这里需特别说明关于外码的设置。按上面方法将 student、book 和 borrowrestore 三张表建好后，在对象资源管理器中，选择 bookmanage，单击"+"按钮展开，右击"数据库关系图"，选择快捷菜单中的"新建数据关系图"命令，在弹出的窗口单击"是"按钮，在打开的"添加表"窗口中同时选中这三张表，单击"添加"按钮。接着单击 borrowrestore 表里的 sno，按住鼠标左键不放，拖到 student 表的 sno 处松开，在弹出的窗口中单击"确定"按钮，会发现 student 和 borrowrestore 之间出现了一条带黄色小钥匙的直线，其中钥匙的一方为被参照方，这个方向是不能反的，如图 3-14 所示。按同样操作完成 book 和 borrowrestore 之间的外码设置后保存这个关系图。同时，也可右击直线，选择快捷菜单中的"从数据库中删除关系"命令将外码删除。

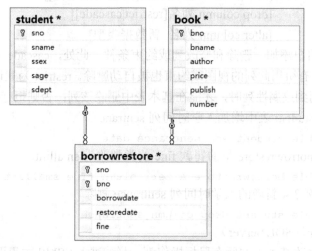

图 3-14　SQL Server 设置外码

（3）鼠标操作（MySQL）

　　以例 3-2 为例，进入 phpMyAdmin，选择 bookmanage，在右边"新建数据表"文本框中输入表名 student，字段数（字段数就是属性列的个数）5，单击"执行"按钮，在新页面中按照图 3-15 所示完成各个属性列的设置，其中，在 sno 的"索引"下拉列表框中选中"PRIMARY"设置主键，最后单击"保存"按钮。

数据表名:	student				添加	1	个字段	执行		
						结构 ⓘ				
名字	类型 ⓘ		长度/值 ⓘ		默认 ⓘ		整理	属性	空	索引
sno	CHAR	▼	10		无	▼	▼	▼	☐	PRIMARY ▼
sname	VARCHAR	▼	20		无	▼	▼	▼	☐	--- ▼
ssex	VARCHAR	▼	20		无	▼	▼	▼	☐	--- ▼
sage	SMALLINT	▼			无	▼	▼	▼	☐	--- ▼
sdept	VARCHAR	▼	20		无	▼	▼	▼	☐	--- ▼

图 3-15　MySQL 创建基本表

> 注意：在 phpMyAdmin 中建立的基本表的存储类型默认为 MyISAM，如果想用鼠标操作设置外码，则要求两个表都必须是 InnoDB 存储类型，需要先更改存储引擎再设置，操作相对较复杂，所以 MySQL 的外码设置一般采用代码操作。关于鼠标操作设置外码的方法，读者可自行查阅相关资料。

2. 修改基本表

（1）代码操作（通用）

SQL 语言中使用 alter table 语句修改基本表结构，其语法格式为

　　　　alter table 表名[add 新列名 数据类型[列级约束条件]]
　　　　　　　　　　　[drop column 列名[restrict|cascade]]
　　　　　　　　　　　[alter column 列名 新数据类型]

说明：允许用户添加、删除和修改列或约束条件。此处，cascade（级联）表示在基本表删除列时，所有引用此列的视图或约束也被自动删除。restrict 为默认方式，表示在没有视图或约束引用到该属性列时，才能在基本表中删除该列；否则拒绝删除操作。

【例 3-5】向 student 表中增加入学时间列 sentrance。

```
alter table student add sentrance date
```

【例 3-6】将 borrowrestore 里的罚款 fine 的类型改为 smallint。

```
alter table borrowrestore alter column fine smallint
```

【例 3-7】将例 3-4 新增的入学时间列 sentrance 删除。

```
alter table student drop column sentrance
```

（2）鼠标操作（SQL Server）

SQL Server 修改基本表的所有鼠标操作都一样。进入 SSMS 主界面，在对象资源管理器中选择 bookmanage，单击"+"按钮展开，选择"表"，右击 student，选择快捷菜单中的"设计"命令，进入最初创建表的窗口。右击任意列的前方，可以插入、删除列，设置主键及其他约束条件等，如图 3-16 所示。如果是修改列，则直接单击要修改的列名，重新输入。数据类型也可以重新选择。

图 3-16　SQL Server 修改基本表

（3）鼠标操作（MySQL）

以对基本表 student 进行修改为例。进入 phpMyAdmin 主界面，单击 bookmanage，在右边的窗口中找到 student 表，选择"结构"选项卡，进入 student 结构，如图 3-17 所示，可以看到 student 的所有属性及相关操作，可以利用下面的"添加"，以及每个属性，右边"修改""删除"等对基本表进行修改。

图 3-17 MySQL 修改基本表

3. 删除基本表

（1）代码操作（通用）

SQL 语言中使用 drop table 语句删除基本表，其语法格式为

　　drop table 表名[restrict|cascade]

说明：一旦对基本表执行了删除操作，该表中所有的数据就都删除了，所以在删除表时一定要慎重。

【例 3-8】将基本表 student 删除。

```
drop table student
```

（2）鼠标操作（SQL Server）

以例 3-8 为例，进入 SSMS 主界面，在对象资源管理器中选择 bookmanage，单击"+"按钮展开，选择"表"，右击 student，选择快捷菜单中的"删除"命令，在弹出的窗口（图 3-10 中"对象类型"下的"数据库"变成"表"）中单击"确定"按钮即可完成。

（3）鼠标操作（MySQL）

以例 3-8 为例，进入 phpMyAdmin 主界面，单击 bookmanage，在右边的窗口中找到 student 表，单击"删除"按钮，如图 3-18 所示，在弹出的对话框中单击"确定"按钮。

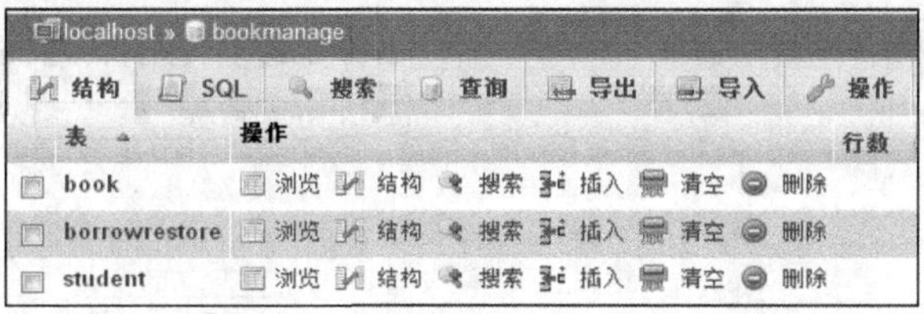

图 3-18 MySQL 删除基本表

3.4.3　创建和删除索引

微课：创建和删除
索引

创建索引是加快查询速度的有效手段。索引实际上是根据关系（表）中某些字段的值建立一个树型结构的文件。索引文件中存储的是按照某些字段值排列的一组记录号，每个记录号指向一个待处理的记录，所以索引实际上可以理解为根据某些字段值进行逻辑排序的一组指针。在日常生活中，人们经常会用到索引，如图目录、字典索引等，通过索引可以大大提高查询速度。

1. 创建索引

（1）代码操作（通用）

SQL 语言中使用 create index 语句创建索引，其语法格式为

　　create[unique][clustered]index 索引名
　　on 表名(列名 1[asc|desc][,列名 2 [asc|desc]…)

说明："表名"是建立索引的基本表名字，索引可以建立在该表的一列或多列上，各列名之间用逗号隔开。每个列名后面可以选择 asc（升序）排列或 desc（降序）排列，默认为 asc 排列。unique 表明此索引的每个索引值只对应唯一的数据记录。clustered 表示要建立的索引是聚簇索引，即索引项的顺序与表中记录的物理顺序一致的索引机制。

【例 3-9】为 borrowrestore 建立一个唯一索引，要求按借书日期升序、罚款降序排列。

```
create unique index idx_br
on borrowrestore(borrowdate asc,fine desc)
```

（2）鼠标操作（SQL Server）

以例 3-9 为例，进入 SSMS 主界面，在对象资源管理器中单击 bookmanage，单击"+"按钮展开，选择"表"→borrowrestore，单击"+"按钮展开，右击"索引"，选择快捷菜单中的"新建索引"→"非聚集索引"命令，在弹出的窗口中按照图 3-19 所示进行

图 3-19　SQL Server 创建索引

设置，单击"确定"按钮完成索引创建。

（3）鼠标操作（MySQL）

以例 3-9 例，进入 phpMyAdmin 主界面，单击 bookmanage，找到 borrowrestore，单击"结构"按钮，进入 borrowrestore 结构窗口，单击"+索引"，在"在第...个字段创建索引"文本框中输入 2，单击"执行"按钮，在弹出的窗口中按照图 3-20 所示进行设置，单击"执行"按钮完成索引创建。

图 3-20　MySQL 创建索引

2. 删除索引

（1）代码操作（通用）

SQL 语言中使用 drop index 语句删除索引，其语法格式为

    drop index 索引名

说明：drop index 命令可以删除当前数据库的一个或几个索引，当需要添加表名作为索引名的前缀时，中间用"."连接。索引被删除后，不会影响 primary key 和 unique 约束条件，这些约束条件必须用 alter table drop 命令才能删除。

【例 3-10】将例 3-9 建立的索引 idx_br 删除。

```
drop index borrowrestore.idx_br
```

（2）鼠标操作（SQL Server）

以例 3-10 为例，进入 SSMS 主界面，在对象资源管理器中选择 bookmanage，单击"+"按钮展开，选择"表"→borrowrestore，单击"+"按钮展开，选择"索引"，右击 idx_br，选择快捷菜单中的"删除"命令，在弹出的窗口（图 3-10 中"对象类型"下的"数据库"变成"索引"）中单击"确定"按钮即可。

（3）鼠标操作（MySQL）

以例 3-10 为例，进入 phpMyAdmin 主界面，单击 bookmanage，找到 borrowrestore，单击"结构"按钮，进入 borrowrestore 结构窗口，单击"+索引"，在图 3-21 中，单击

"删除"按钮，在弹出的对话框中单击"确定"按钮即可。

图 3-21   MySQL 删除索引

采用索引技术可以提高数据查询的速度，但同时也增加了数据插入、删除和修改的复杂性以及维护索引的时间。因此，是否使用索引、对哪些属性建立索引，数据库设计人员必须全面考虑，权衡折中。下面给出几点使用索引的技巧。

① 对于记录少的表使用索引，其性能不会有任何提高。

② 索引列中有较多的不同数据和空值时，会大大提高索引性能。

③ 当查询要返回的数据很少时，索引可以优化查询。

④ 索引可以提高数据的返回速度，但也使数据的更新操作变慢，因此不要对经常需要更新或修改的字段创建索引。

⑤ 不要将索引与表存储在同一个驱动器上，分开存储会避免访问冲突，提高查询速度。

3.5   数据更新

SQL 中常用的数据更新操作也称为数据操作或数据操纵，包括插入数据、修改数据和删除数据 3 个功能，这些功能均可使用 SQL 语言实现。

3.5.1   插入数据

1. 代码操作（通用）

SQL 语言中使用 insert 进行插入操作，并且提供了两种插入方式：一种是插入一个子查询结果（将在 SQL 查询中详细讲解）；另一种是直接插入一条或多条数据，其语法格式为

微课：插入数据

insert into 表名[列名 1,列名 2,...]

values(常量 1,常量 2,...)[,(常量 1,常量 2,...),...]

说明：插入数据的列位置和类型需和常量值一一对应；如果 into 省略列名，则新数据必须保证每个属性列都有值；如果没有值，则系统默认空值。但如果该列定义了 not null 约束，则必须有值，否则 DBMS 会报错；反之，如果每个属性列上都有值与之对应，则 into 可以省略列名；如果只有部分值，into 后面必须明确指出对应列名。

【例 3-11】向 student 表中插入一条新数据（1001，陈冬，男，18，计算机）。

```
insert into student values('1001','陈冬','男','18','计算机')
```

【例 3-12】向 borrowrestore 表中插入一条新数据（1001，b01）。

```
insert into borrowrestore(sno,bno)
values('1001','b01')
```

【例 3-13】向 student 表中插入两个学生信息（1002，王丹）、（1003，张军）。

```
insert into student(sno,sname)
values('1002','王丹'),('1003','张军')
```

2. 鼠标操作（SQL Server）

以例 3-11 为例，进入 SSMS 主界面，在对象资源管理器中选择 bookmanage，单击"+"按钮展开，选择"表"，右击 student，选择快捷菜单中的"编辑前 200 行"命令，按图 3-22 所示输入即可。

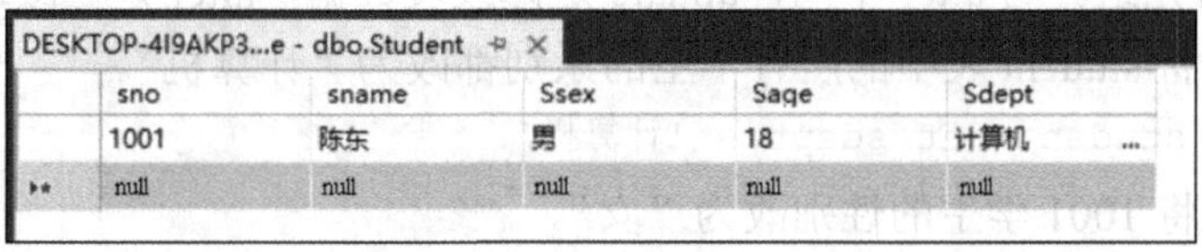

图 3-22　SQL Server 插入数据

3. 鼠标操作（MySQL）

以例 3-13 为例，进入 phpMyAdmin 主界面，单击 bookmanage，找到 student，单击"插入"按钮，按图 3-23 所示输入数据，再单击最下面的"执行"按钮即可。

图 3-23　MySQL 插入数据

3.5.2 修改数据

1. 代码操作（通用）

微课：修改数据

修改数据操作又称为更新操作，其 SQL 语句的语法格式为

　　update 表名
　　set 列名 1=表达式 1[,列名 2=表达式 2,...]
　　[where 条件]

　　说明：修改指定表中满足 where 条件（将在 SQL 查询中详细讲解）的元组数据。其中 set 给出的表达式值将取代相应的原属性列值。如果省略 where，则修改表中的所有元组。与 alter 不同，update 是修改表数据，alter 是修改表结构。

【例 3-14】将 student 表中的所有学生的系别都改为"计算机"。

```
update student set sdept = '计算机'
```

【例 3-15】将 1001 学生的性别改为"女"。

```
update student
set ssex='女'
where sno='1001'
```

2. 鼠标操作（SQL Server）

SQL Server 修改数据操作和插入数据操作完全一样，直接修改即可，这里不再重复。

3. 鼠标操作（MySQL）

以例 3-15 为例，进入 phpMyAdmin 主界面，单击 bookmanage，找到 student，单击"浏览"按钮，单击"男"直接改为"女"后按 Enter 键即可，如图 3-24 所示。

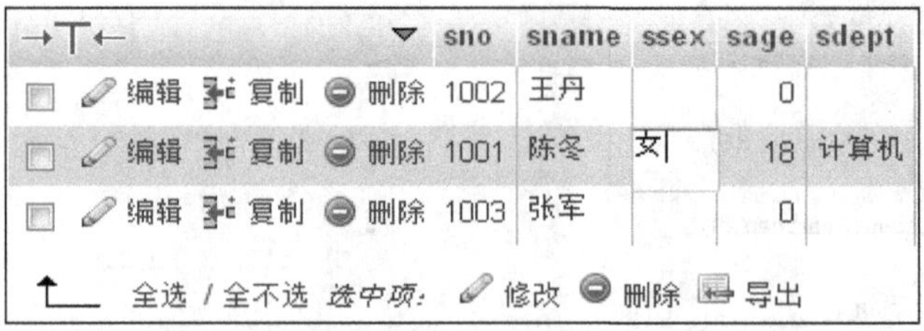

→T←	sno	sname	ssex	sage	sdept
☐ ✎编辑 ⅀┇复制 ⊖删除	1002	王丹		0	
☐ ✎编辑 ⅀┇复制 ⊖删除	1001	陈冬	女	18	计算机
☐ ✎编辑 ⅀┇复制 ⊖删除	1003	张军		0	

↑___ 全选 / 全不选 　选中项：　✎ 修改　⊖ 删除　⊞ 导出

图 3-24　MySQL 修改数据

3.5.3 删除数据

微课：删除数据

1. 代码操作（通用）

删除数据的 SQL 语法格式为

　　delete from 表名
　　[where 条件]

说明：从指定表中删除满足 where 条件的所有元组数据。如果省略 where，则删除表中的全部数据，类似"清空"操作。与 drop 语句不同，delete 语句删除的是表中数据，而表的定义仍存在于数据字典中；drop 是删除表结构，一旦执行 drop，数据便全部被删除。

【例 3-16】将 student 表中的学生信息全部清空。

```
delete from student
```

【例 3-17】删除"陈冬"的学生记录。

```
delete from student
where sname = '陈冬'
```

2. 鼠标操作（SQL Server）

以例 3-17 为例，与"插入"操作类似，进入"编辑前 200 行"的界面，找到"陈冬"行，将鼠标指针移到这一行的最前面右击，选择快捷菜单中的"删除"命令即可（其中，"清除结果"命令表示删除全部数据），如图 3-25 所示。如果要删除多条数据，则用鼠标依次选中后再选择"删除"命令。

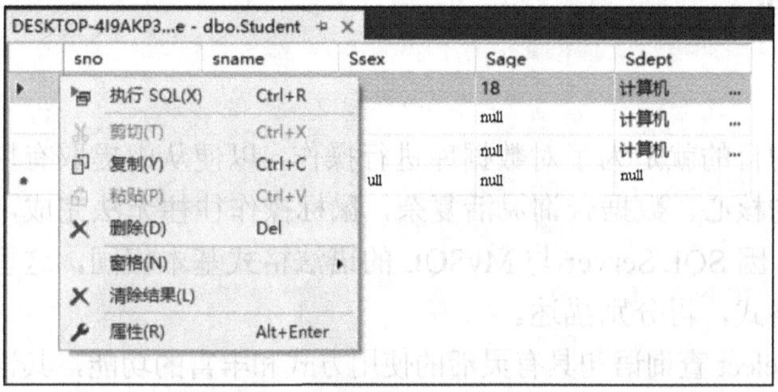

图 3-25　SQL Server 删除数据

3. 鼠标操作（MySQL）

以例 3-17 为例，在图 3-24 中找到"陈冬"行，单击"删除"按钮，如果要清空或删除多条，只需将要删除的数据前面全部打钩，再单击表下方的"删除"按钮。

特别注意的是，当对表中数据进行插入、修改、删除等操作时，如果表间存在外码，则可能破坏参照完整性，DBMS 会自动检查，一旦发现违背约束，要么拒绝执行，要么进行级联操作。

级联操作是指当对一个表进行某种操作时，与之关联的表也自动进行相同操作，一般分为级联更新和级联删除。SQL Server 和 MySQL 都可以在创建外码 foreign key 语句的最后加上"on delete cascade on update cascade"进行级联操作。其中，SQL Server 还可以用鼠标操作实现级联，只需在使用鼠标操作建立外码时，当拖动的鼠标松开时，会弹出两个窗口，在第一个窗口中单击"确定"按钮，在第二个窗口中单击展开"INSERTT 和 UPDATE 规范"前的黑色小三角，再单击"不执行任何操作"，会出现下拉列表，从中选择"级联"，如图 3-26 所示。

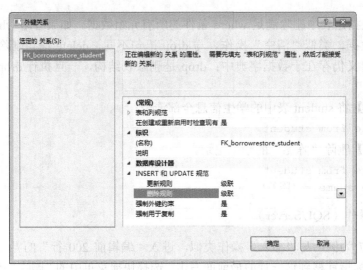

图 3-26　SQL Server 级联设置

3.6　数据查询

建立数据库的目的就是为了对数据库进行操作，以便从中提取有用的信息，数据查询是数据库操作的核心。数据查询灵活复杂，鼠标操作往往无法完成，所以本节讲解全部使用代码操作，因 SQL Server 与 MySQL 的语法格式基本相同，这里不再区分，如遇少数不同的语法格式，再分别描述。

SQL 提供的 select 查询语句具有灵活的使用方式和丰富的功能，其语法格式为

　　　select[all|distinct]目标列表达式 1[,目标列表达式 2,…]
　　　from　表名 1 或视图名 1[,表名 2 或视图名 2,…]
　　　[where　条件表达式]
　　　[group by　列名[having　条件表达式]]
　　　[order by　列名[ASC|DESC]]

说明：根据 where 条件从 from 指定的表或视图中找到满足条件的数据，再按 select 目标列表达式，选出元组中的属性值形成结果表。如果有 group by，则将结果按"列名"值进行分组，值相等的为一组，通常会在每组中用聚集函数。如果有 having，则只有满足条件的组才能输出。如果有 order by，则结果表还需按"列名"值进行升序或降序排序。

select 语句既可以完成简单单表查询，也可以完成复杂连接嵌套查询和视图查询。下面以图书管理系统为例，详细说明 select 语句的用法，所涉及的基本表数据如表 3-3 所示。

表 3-3　select 查询实例

学生表 student

sno	sname	ssex	sage	sdept
1001	王丹	女	17	计算机
1002	周阳	男	20	计算机
1003	张军	男	18	经管
1004	宋丽	女	21	电气

图书表 book

bno	bname	author	price	publish	number
b01	C 语言	谭浩	23.5	人邮	60
b02	英语	张楠	27	高教	30
b03	数据库	赵言	45	人邮	60

借阅表 borrowrestore

sno	bno	borrowdate	restoredate	fine
1001	b01	2019-02-01	2019-08-01	75
1001	b02	2019-05-01	2019-07-01	16.5
1001	b03	2019-05-01	2019-07-01	16.5
1002	b01	2019-07-07	2019-08-20	7.5
1002	b03	2019-06-07	2019-08-04	14
1003	b02	2019-07-11	2019-07-15	0

3.6.1　关系代数

select 语句功能强大，形式复杂多变，因此在编写 select 代码前必须有清晰的算法思路，这个算法思路就是关系代数。关系代数是一种用来表达查询操作的抽象语言，它通过对关系间的运算表达查询，主要运算符包括以下 4 类。

微课：关系代数

① 传统集合运算符：并（∪）、差（\）、交（∩）、笛卡儿积（×）。

② 专门关系运算符：选择（σ）、投影（Π）、连接（$\bowtie$）和除（÷）。

③ 逻辑运算符：与（∧）、或（∨）、非（¬）。

④ 算术运算符：大于（>）、大于等于（⩾）、小于（<）、小于等于（⩽）、等于（=）、不等于（≠）。

其中，算术运算符和逻辑运算符是用来辅助专门的关系运算符进行操作的，所以关系代数分为传统的集合运算和专门的关系运算，前者是将关系看成元组的集合，运算是从"行"的角度进行的；后者不仅涉及"行"，还涉及"列"，是为数据库的应用引进的特殊运算。

1. 传统的集合运算

传统的集合运算包括关系的并、交、差和广义的笛卡儿积。设有两个关系 R 和 S 分别表示参加英语角和舞蹈室的学生信息，如表 3-4 所示，t 是它们的元组变量。

表 3-4　传统集合运算实例

英语角学生

姓名	系别	性别
周阳	计算机	男
王丹	经管	女
宋丽	外语	女

舞蹈室学生

姓名	系别	性别
王铭	计算科学	男
王丹	经管	女
孙冒	数学	男
周阳	计算机	男

① 并运算（union）是指将 R 与 S 合并成一个关系，并删去重复元组。在关系数据库中，并运算可用于元组的插入操作，记为

$$R \cup S = \{t \mid t \in R \vee t \in S\}$$

$R \cup S$ 的结果是参加了英语角或舞蹈室的学生集合，如表 3-5 所示。

表 3-5　$R \cup S$

姓名	系别	性别
周阳	计算机	男
王丹	经管	女
宋丽	外语	女
王铭	计算科学	男
孙冒	数学	男

② 差运算（difference）是指从 R 中删去与 S 中相同的元组，组成一个新的关系。在关系数据库中，差运算可用于元组的删除操作，记为

$$R - S = \{t \mid t \in R \wedge t \notin S\}$$

$R - S$ 的结果是参加了英语角而没有参加舞蹈室的学生集合，如表 3-6 所示。

表 3-6　$R - S$

姓名	系别	性别
宋丽	外语	女

③ 交运算（intersection）是指在 R 中找出与 S 中相同的元组组成一个新的关系，记为

$$R \cap S = \{t \mid t \in R \wedge t \in S\}$$

$R \cap S$ 的结果是既参加了英语角又参加了舞蹈室的学生集合，如表 3-7 所示。

表 3-7　$R \cap S$

姓名	系别	性别
周阳	计算机	男
王丹	经管	女

④ 广义笛卡儿积运算（extended Cartesian product）是指用 R 中的每个元组与 S 中的每个元组两两结合组成一个新的元组，所有这些元组集合组成新的关系。新关系的元组数为 R 与 S 元组数的乘积。在关系数据库中，可用于两个关系的连接操作，记为

$$R \times S = \{t_r \wedge t_s \mid t_r \in R \wedge t_s \in S\}$$

$R \times S$ 的结果是既参加了英语角又参加了舞蹈室的学生集合，如表 3-8 所示。

表 3-8　$R \times S$

姓名	系别	性别	姓名	系别	性别
周阳	计算机	男	周阳	计算机	男
周阳	计算机	男	王丹	经管	女
周阳	计算机	男	王丹	经管	女

续表

姓名	系别	性别	姓名	系别	性别
王丹	经管	女	周阳	计算机	男
王丹	经管	女	王铭	计算科学	男
宋丽	外语	女	王丹	经管	女
宋丽	外语	女	孙冒	数学	男
宋丽	外语	女	周阳	计算机	男
宋丽	外语	女	王铭	计算科学	男
王铭	计算科学	男	王丹	经管	女
王丹	经管	女	孙冒	数学	男
孙冒	数学	男	周阳	计算机	男

2. 专门的关系运算

由于传统的集合操作，只是从行的角度进行的，而要实现关系数据库更加灵活多样的查询操作，还需要从列的角度进行，故而引入专门的关系运算，包括选择（selection）、投影（projection）、连接（join）、除等运算。下面以表 3-3 的 3 个关系 student、book 和 borrowrestore 及数据为例进行详细讲解。

（1）选择

选择运算是从关系 R 中选出满足条件 F 的元组组成一个新的关系。F 的运算对象可以是常量、元组分量或简单函数，运算符有算术运算符、关系运算符、逻辑运算符。选择运算的结果是一个具有和 R 相同表头的关系，记为

$$\sigma_F(R) = \{t \mid t \in R \wedge F(t) = \text{true}\}$$

其中，σ_F 为选择符；$\sigma_F(R)$ 为满足条件 F 的元组构成的关系。

选择运算是从行的角度出发进行的运算，提供了一种从水平方向构造一个新关系的方法，如图 3-27 所示。

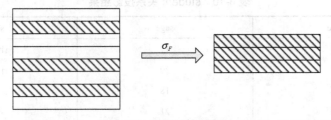

图 3-27　选择运算示意图

【例 3-18】从 student 关系中查询年龄不大于 18 岁的女同学的情况。

$$\sigma_{\text{ssex}='\text{女}' \wedge \text{sage} \leq 18}(\text{student})$$

或

$$\sigma_{3='\text{女}' \wedge 4 \leq 18}(\text{student})$$

其中，ssex 的列序号是 3，sage 的列序号是 4，所以两种方式都可以表达，其操作结果

如表 3-9 所示。

表 3-9　student 关系选择结果

sno	sname	ssex	sage	sdept
1001	王丹	女	17	计算机

（2）投影

投影操作是从 R 中选择若干属性列组成新的关系，该操作是一个单目操作，记为

$$\Pi_A(R)=\{t[A]\,|\wedge t\in R\}$$

投影操作是从列的角度出发进行的运算，如图 3-28 所示。投影操作提供了一种从垂直方向构造一个新关系的方法。

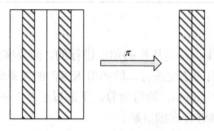

图 3-28　投影操作示意图

【例 3-19】查询全部学生的姓名、年龄、系别信息。

$$\Pi_{sname,sage,sdept}(student)$$

或

$$\Pi_{2,3,5}(student)$$

其中，sname 的列序号是 2，sage 的列序号是 4，sdept 的列序号是 5，所以两种方式都可以表达，其操作结果如表 3-10 所示。

表 3-10　student 关系投影结果

sname	sage	sdept
王丹	17	计算机
周阳	20	计算机
张军	18	经管
宋丽	21	电气

（3）连接

连接操作（也叫 θ 连接），是指从两个关系的笛卡儿积中选取属性组满足一定条件的元组组成一个新的关系，可分为等值连接和自然连接。等值连接是从 R 和 S 的广义笛卡儿积中选取 A、B 属性值相等的元组，记为

$$R\bowtie S=\{t_r\wedge t_s|\ t_r\in R\wedge t_s\in S\wedge t_r[A]=t_s[B]\}$$

而自然连接又是一种特殊的等值连接，它要求两个关系中进行比较的分量必须是相同的属性值，并且要去掉重复的属性列。若关系 R 和 S 具有相同的属性组 B，则记为

$$R \bowtie S = \{t_r \wedge t_s \mid t_r \in R \wedge t_s \in S \wedge t_r[B] = t_s[B]\}$$

一般地，连接运算是从行的角度进行运算，如图 3-29 所示，但自然连接还需要去掉重复的属性列，所以是同时从行和列的角度进行运算。

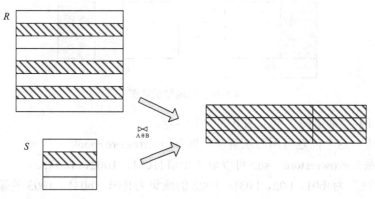

图 3-29　连接操作示意图

除了这两种连接操作外，还有外连接（outer join）操作，包括左外连接和右外连接，在讲解 SELECT 查询时会详细讲解。

【例 3-20】查询学生借阅信息，包括姓名、书名、借书日期、还书日期和罚款。

$$\Pi_{\text{sname,bname,borrowdate,restoredate,fine}}(\text{student} \bowtie \text{book} \bowtie \text{borrowrestore})$$

分析过程：该操作所涉及的属性列都不在同一张关系表中，无法直接查询，因此首先需要用自然连接操作将 3 个关系 student、book 和 borrowrestore 连接成一个新关系，然后在这个新关系中，用选择运算将所关心的属性 sname、bname、borrowdate、restoredate 和 fine 的元组选中，存入新的结果关系表中，如表 3-11 所示。

表 3-11　student、book、borrowrestore 关系连接结果

sname	bname	borrowdate	restoredate	fine
王丹	C 语言	2019-02-01	2019-08-01	75
王丹	英语	2019-05-01	2019-07-01	16.5
王丹	数据库	2019-05-01	2019-07-01	16.5
周阳	C 语言	2019-07-07	2019-08-20	7.5
周阳	数据库	2019-06-07	2019-08-04	14
张军	英语	2019-07-11	2019-07-15	0

（4）除（division）

除运算也叫商运算，结果也是一个关系，该关系的属性由那些出现在 R 中但不出现在 S 中的属性组成，其元组则是 S 中的所有元组在 R 中对应值相同的那些元组值，即 R 除 S 的含义是指 R 中找出包含所有 S 的那些元组，且结果为 R 属性去掉 S 属性，并去掉重复元组，记为

$$R \div S = \{t_r[X] \mid t_r \in R \wedge \Pi_Y(S) \subseteq Y_x\}$$

其中，Y_x 为 x 在 R 中的像集 $x = t_r[X]$。

除法运算同时从关系的行和列的角度进行运算，如图 3-30 所示，适合于求解包含"全部"之类的查询。

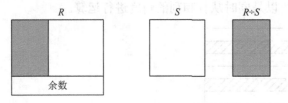

图 3-30　除运算示意图

【例 3-21】查询借阅了全部图书的学生学号。

分析过程：这个问题可用除法解决，即 borrowrestore÷book。

对于关系 borrowrestore，sno 可以取 3 个值{1001，1002，1003}。

1001 的像集为{b01，b02，b03}；1002 的像集为{b01，b03}；1003 的像集为{b02}。

book 在 bno 上的投影为{b01，b02，b03}，只有 1001 的像集包括 book 在 bno 属性组上的投影，所以 borrowrestore÷book={1001}。

微课：单表查询

3.6.2　单表查询

单表查询是指查询的目标仅涉及一个表，这种查询操作最为简单。对于单表查询，用户可根据应用需求查询某个表的一列或多列，也可以按条件查询满足条件的记录，甚至还可以做升、降排序和各种统计等。

1. 选择表中的若干列

选择表中的全部列或部分列，对应关系代数中的投影运算。

（1）查询部分列

在很多情况下，用户只对表中的一部分属性列感兴趣，这时可以在 select 子句的"目标列表达式"中指定查询的属性列名。

【例 3-22】查询全部图书的书号和书名。

```
select bno,bname
from book
```

【例 3-23】查询全体学生的系别、姓名、性别。

```
select sdept,sname,ssex
from student
```

select "目标列表达式"中的各个列先后顺序可以与表中顺序不一致。用户可以根据应用的需要改变列的顺序，最终结果以 select 子句后的列名顺序为准。

（2）查询全部列

查询全部列有两种方法，一种是在 select 后列出所有列名（结果表中列的顺序可以按用户需求设定），另一种是在 select 后直接用*（结果表中列的顺序必须保持与表中定义的一致）。

【例 3-24】查询全体学生的所有记录。

```
select *
from student
```

（3）查询经过计算的值

select 子句的"目标列表达式"可以是表中的属性列，也可以是有关属性列的计算表达式、算术表达式，以及字符串常量表达式、函数表达式等。

【例 3-25】查询全体学生的姓名及出生年份。

```
select sname,2019-sage
from student
```

运行结果如图 3-31 所示，第二列没有名字，因为它是通过表达式计算出来的，用户看了不易理解，因此可用别名增加可读性。定义别名只需在某列列名或某项列表达式后面的空格中写上新列名。别名只在结果显示时出现，并不能改变表的真正结构。例如，修改例 3-25，运行结果如图 3-32 所示。

```
select sname '姓名',2019-sage '出生年份'
from student
```

图 3-31　计算查询　　　　　　　　图 3-32　别名查询

2. 选择表中的若干元组

选择表中的若干行（元组），对应关系代数中的选择运算。

（1）消除取值重复的行

两个本来并不完全相同的元组，投影到指定的某些列上后，可能变成相同的行，可以用 distinct 取消它们。如果没有指定 distinct，则默认为 all，结果表中保留重复的行。

【例 3-26】查询借阅了书籍的学生学号。

```
select distinct sno
from borrowrestore
```

说明：一个学生可以借很多本书，那么这个学生的学号就会在结果表中重复出现。

（2）查询满足条件的行

通过 where 子句设置查询条件，过滤掉不需要的数据行。常用查询条件如表 3-12 所示。

表 3-12　常用查询条件

查询条件	谓词
比较	=, >, <, >=, <=, !=, <>, !>, !<, not+上述比较运算符
确定范围	between...and..., not between...and...

续表

查询条件	谓词
确定集合	in，not in
字符匹配	like，not like
空值	is null，is not null
多重条件	and，or，not

① 比较大小。用于比较的运算符一般包括=（等于）、>（大于）、<（小于）、>=（大于等于），<=（小于等于）、!=或<>（不等于）、!>（不大于）、!<（不小于）。

【例3-27】查询计算机系全体学生信息。

```
select *
from student
where sdept = '计算机'
```

【例3-28】查询年龄不大于19岁的学生信息。

```
select sname,sage
from student
where sage < 19
```

【例3-29】查询没有罚款学生的学号。

```
select distinct sno
from borrowrestore
where fine = 0
```

② 确定范围。采用谓词 between…and…和 not between…and…可以查找在（或不在）指定范围内的元组，其中 between 后是范围的下限，and 后是范围的上限。

【例3-30】查询年龄在19～20岁之间学生的学号、姓名、年龄。

```
select sno,sname,sage
from student
where sage between 19 and 20
```

【例3-31】查询不在1995—1996年出生的学生姓名、生日。

```
select sname '姓名',2019-sage '生日'
from student
where 2019-sage not between 1995 and 1996
```

③ 确定集合。谓词 in 和 not in 可以用来查找属性值属于或不属于指定集合的元组。

【例3-32】查询计算机系、经管系的学生记录。

```
select *
from student
where sdept in('计算机','经管')
```

【例3-33】查询既不是计算机系，也不是经管系的学生信息。

```
select *
from student
where sdept not in('计算机','经管')
```

④ 字符匹配。谓词 like 可以用作字符串的匹配，其语法格式为

[not]like '匹配串'[escape'换码字符']

说明：字符匹配是指查找指定的属性列值与"匹配串"相匹配的元组。"匹配串"可以是一个完整的字符串（精确匹配），也可以是含有通配符%和_（模糊匹配）的字符串。其中，%与_含义如下：

- %（百分号），代表任意长度（长度可以为0）的字符串。例如，a%b 表示以 a 开头，b 结尾的任意长度的字符串，如 acb、addgb、ab 等都满足该匹配的字符串。
- _（下横线），代表任意单个字符。例如，a_b 表示以 a 开头，b 结尾的长度为 3 的任意字符串，如 acb、afb 等都满足该匹配的字符串，而 acdb 则不满足。

【例 3-34】查询学号为 1002 的学生记录。

```
select *
from student
where sno like '1002'
```

或

```
select *
from student
where sno = '1002'
```

【例 3-35】查询所有姓张的学生的学号、姓名。

```
select sno,sname
from student
where sname like '张%'
```

【例 3-36】查询姓名中第 2 个字为"丽"的学生的学号、姓名。

```
select sno,sname
from student
where sname like '_丽%'
```

【例 3-37】查询书名为"数学_2"的图书信息。

```
select *
from book
where bname like '数学%\_2%'escape'\'
```

⚠ 注意：① like 后面没有带通配符，属于精确查找，可以用"="运算符取代；not like 可以用"!="取代。一般来说，精确查找用"="实现，模糊查找用 like 带有通配符实现。

② 汉字的模糊匹配与数据库中的字符集（即字符的编码格式）有关。当数据库中的字符集为 ASCII 时，一个汉字需要两个_（下横线）；当字符集为 GBK 时只需要一个_（下横线）。

③ escape'\'表示换码符，这样匹配串紧跟在'\'后面的字符'_'不再具有通配符的含义，转义为普通'_'字符使用。

⑤ 空值查询。谓词 is null 和 is not null 可以实现查找属性值为空和不为空的元组。

【例 3-38】查询未还书学生的学号、书号。

```
select sno,bno
from borrowrestore
where restoredate is null
```

【例 3-39】查询所有借书的学生的借阅详情。

```
select *
from borrowrestore
where borrowdate is not null
```

⑥ 多重条件。运用逻辑运算符 and、or 和 not 可以连接多个查询条件。and 优先于
or，但用户可以用()来改变优先级，嵌套查询会在 3.6.4 节详细讲解。

【例 3-40】查询计算机系年龄在 18 岁以上的学生的信息。

```
select *
from student
where sdept = '计算机' and sage >= 18
```

【例 3-41】查询计算机系或经管系学生的信息。

```
select *
from student
where sdept = '计算机' or sdept = '经管'
```

或

```
select *
from student
where sdept in('计算机','经管')
```

注意：in 实际上是多个 or 运算符的缩写，or 常用于简单条件的连接查询，而 in 更多用于嵌套子
查询。

3. order by 子句

用户可以用 order by 子句实现对查询结果按照一个或多个属性列的升序（asc）和降
序（desc）排列，默认为升序。

【例 3-42】查询借阅了 b02 图书的学生的学号及罚款，并按罚款降序排列。

```
select sno,fine
from borrowrestore
where bno = 'b02' order by fine desc
```

注意：对于空值，排序时显示的次序由具体系统实现决定。例如，按升序排序时，含有空值的元
组最后显示；按降序排序时，含有空值的元组最先显示。各个系统实现可以不同，只要保持一致即可。

【例 3-43】查询学生信息，查询结果按系名升序排序，同一个系的再按年龄降序排序。

```
select *
from student
order by sdept,sage desc
```

4. 聚集函数

为了进一步方便用户，SQL 提供了许多聚集函数增加检索功能，如表 3-13 所示。

表 3-13　常用的聚集函数

聚集函数	含义
count([distinct|all]*)	统计元组个数
count([distinct|all]列名)	统计一列中值的个数
sum([distinct|all]列名)	计算一列值的总和（此列必须是数值型）
avg([distinct|all]列名)	计算一列值的平均值（此列必须是数值型）
max([distinct|all]列名)	求一列中的最大值
min([distinct|all]列名)	求一列中的最小值

当聚集函数遇到空值时，除 count(*)外，都跳过空值只处理非空值。注意，where 子句不能用聚集函数作为条件表达式。

【例 3-44】查询学生总人数。

```
select count(*) '总人数'
from student
```

【例 3-45】查询借书的学生人数。

```
select count(distinct sno) '借书人数'
from borrowrestore
```

【例 3-46】计算借了"b01"图书的学生的平均罚款。

```
select avg(fine) '平均罚款'
from borrowrestore
where bno = 'b01'
```

5. group by 子句

group by 子句将查询结果按某一列或多列的值进行分组，值相等的为一组。对查询结果分组的目的是细化聚集函数的作用对象。如果未对查询结果分组，聚集函数将作用于整个查询结果；如果分组后再用聚集函数，则分别作用于每个组。

【例 3-47】分别计算学生表中男生、女生各自人数。

```
select ssex,count(*) '人数'
from student
group by ssex
```

【例 3-48】统计每本图书的借阅数。

```
select bno '图书' ,count(sno) '借阅数'
from borrowrestore
group by bno
```

说明：首先对 borrowrestore 按 bno 进行分组，所有具有相同 bno 值的元组为一组，然后对每组作聚集函数 count 计算，以求得该组的学生人数。

【例 3-49】查询至少借了 3 本书的学生的学号。

```
select sno
from borrowrestore
group by sno
having count(*) >= 3
```

说明：先用 group by 子句按 sno 分组，再用聚集函数 count 对每组计数，having 短语给出了选择组的条件，只有满足条件（元组个数≥3）的组才会被选择出来。

> 注意：where 和 having 都表示条件查询，但作用对象不同：where 子句作用于整个表或视图，从中选择满足条件的元组；而 having 作用于组，从中选择满足条件的组。having 不能单独使用，必须和 group by 子句配合使用，而且 having 必须在 group by 后出现。

微课：多表查询

3.6.3 多表查询

多表查询（也叫连接查询），是指同时查询两个或两个以上的表或视图，实际上多表查询通过连接最终仍然转化为单表查询。连接查询是关系数据库中最主要的查询，它包括以下几种情况。

1. 等值、自然、非等值连接查询

连接查询是通过 where 子句实现的，其中用来连接两个表的条件称为连接条件或连接谓词，其 SQL 语法格式为

[表名 1.]列名 1 运算符[表名 2.]列名 2

说明：

① 运算符主要有=、>、<、>=、<=、!=（或<>）、between…and…。

② 当运算符为"="时，称为等值连接，使用其他运算符时称为非等值连接。

③ 连接谓词中的列名称为连接字段，连接条件中的各字段类型必须一致，但名字不必相同。

【例 3-50】查询计算机系学生的详细信息及借阅情况。

```
select student.*,borrowrestore.*
from student,borrowrestore
where student.sno = borrowrestore.sno
```

说明：学生详细信息在 student 表中，借阅情况在 borrowrestore 表中，所以本例查询涉及 student 和 borrowrestore 两张表。这两张表之间的连接可通过相同属性 sno 实现，结果如图 3-33 所示。

	sno	sname	ssex	sage	sdept	sno	bno	borrowdate	restoredate	fine
1	1001	王丹	女	17	计算机	1001	b01	2019-02-01	2019-08-01	75
2	1001	王丹	女	17	计算机	1001	b02	2019-05-01	2019-07-01	16.5
3	1001	王丹	女	17	计算机	1001	b03	2019-05-01	2019-07-01	16.5
4	1002	周阳	男	20	计算机	1002	b01	2019-07-07	2019-08-20	7.5
5	1002	周阳	男	20	计算机	1002	b03	2019-06-07	2019-08-04	14
6	1003	张军	男	18	经管	1003	b02	2019-07-11	2019-07-15	0

图 3-33　等值连接查询结果

执行过程：首先在 student 表中找到第一个元组，然后从头开始扫描 borrowrestore

表,逐一查找与 student 表第一个元组的 sno 相等的 borrowrestore 元组,找到后就将 student 表中的第一个元组与该元组拼接起来,形成结果表中的第一个元组。borrowrestore 表全部查找完后,再找 student 表中的第二个元组,然后再从头开始扫描 borrowrestore,逐一查找满足连接条件的元组,找到后就将 student 表中的第二个元组与该元组拼接起来,形成结果表的第二个元组。重复上述操作,直到全部元组都处理完毕为止。这也是后面嵌套查询的基本思想。

从图 3-33 可以看出,由于两表都有公共属性 sno,所以经过连接后,在结果表中会出现重复项,即两列完全相同的 sno,这在实际情况中是不需要的。所以,应该把该重复项去掉,只保留一项。做法很简单,只需在 select 时写一次 sno,即 student.sno 或 borrowrestore.sno 两项中任选一项。也就是说,需要在等值连接中把目标列中重复的属性列去掉,这种连接称为自然连接。将例 3-50 修改成自然连接的 SQL 语句如下。

```
select student.sno,sname,ssex,sage,sdept,bno,borrowdate,restoredate,
  fine
from student, borrowrestore
where student.sno = borrowrestore.sno
```

> ⚠️ 注意:多表查询中,如果出现各表中某属性名相同,为了避免混淆,必须在该属性名前加上各表的表名前缀。如果属性名在各表中是唯一的,则可省略表名前缀。

2. 自身连接查询

连接操作不仅可以在两个表之间,也可以是一个表与自己连接,这种连接称为表的自身连接,即把表中的某一行与该表中的另一些行连接起来。因为连接的是同一个表,所以为该表指定两个不同的别名非常重要,这样才可以在逻辑上把该表作为两个不同的表使用。

设有以下的课程表 course(cno,cname,cpno),其中,cno 表示课程号,cname 表示课程名,cpno 表示先修课程号(先修课程指在修某门课程前必须先修的另一门课程)。课程表如表 3-14 所示。

表 3-14 课程表 course

cno	cname	cpno
c01	数据库	c04
c02	数学	null
c03	信息系统	c01
c04	操作系统	c03

【例 3-51】查询每门课的间接先修课(即先修课的先修课程)。

```
select first.cno,second.cpno
from course first,course second
where first.cpno = second.cno
```

在 course 表中，只有每门课的直接先修课信息，而没有先修课的先修课信息。要得到这条信息，必须先找到一门课的先修课程，再按此先修课的课程号，查找它的先修课。这就需要将 course 表与其自身连接，即 course 与 course 连接。为了避免混淆，需为这两个同名的表分别取两个不同的别名，如一个取名 first，另一个取名 second。自身连接查询结果如图 3-34 所示。

图 3-34　自身连接查询结果

3. 外连接查询

通常，在连接操作中只有满足连接条件的元组才能作为结果输出。例如，例 3-50 的查询结果中没有 sno 为 1004 的学生信息，因为他没有借书，在 borrowrestore 表中没有相应的元组，所以两张表连接时 student 表中这个元组被舍弃了。也就是说，在进行连接时，查询是以 borrowrestore 表为主体的。如果想以 student 表为主体列出每个学生的基本情况及其成绩，即使某个学生没有借书，仍把他的信息保存在结果表中，而在 borrowrestore 表的属性列上填上空值 null，这时就需要使用外连接来实现。外连接分为左外连接和右外连接。

① 左外连接用的是 left join…on…子句，是指结果以连接谓词 join 左边的表为主表，列出该表的所有元组，而右边的表中不满足条件的元组则用空值（null）填充。

② 右外连接用的是 right join…on…子句，是指结果以连接谓词 join 右边的表为主表，列出该表的所有元组，而左边的表中不满足条件的元组则用空值（null）填充。

【例 3-52】查询所有学生借阅图书的情况。

```
select student.sno,sname,ssex,sage,sdept,bno,borrowdate,restoredate,fine
    from student left join borrowrestore on(student.sno = borrowrestore.sno)
```

外连接查询结果如图 3-35 所示。

	sno	sname	ssex	sage	sdept	bno	borrowdate	restoredate	fine
1	1001	王丹	女	17	计算机	b01	2019-02-01	2019-08-01	75
2	1001	王丹	女	17	计算机	b02	2019-05-01	2019-07-01	16.5
3	1001	王丹	女	17	计算机	b03	2019-05-01	2019-07-01	16.5
4	1002	周阳	男	20	计算机	b01	2019-07-07	2019-08-20	7.5
5	1002	周阳	男	20	计算机	b03	2019-06-07	2019-08-04	14
6	1003	张军	男	18	经管	b02	2019-07-11	2019-07-15	0
7	1004	宋丽	女	21	电气	null	null	null	null

图 3-35　外连接查询结果

还可以写成以下右外连接形式：

```
select student.sno,sname,ssex,sage,sdept,bno,borrowdate,restoredate,fine
from borrowrestore right join student on(student.sno = borrowrestore.sno)
```

4. 复合条件连接查询

在上述连接查询中，where 子句中只有一个条件，即连接谓词。但在实际情况中，涉及的条件往往不止一个。当查询条件不止一个时，需在 where 子句中运用逻辑运算符 and、or、not 实现多个连接条件，称为复合条件连接。

【例 3-53】 查询借阅了 b01 且是人民邮电出版社出版的图书的所有学生的学号和姓名。

```
select student.sno,sname
from student,book,borrowrestore
where student.sno = borrowrestore.sno and book.bno=borrowrestore.bno
    and book.bno = 'b01' and publish='人邮'
```

执行过程：先从 borrowrestore 中挑选出 bno =是 "b01" 且 book 中出版社是 "人邮" 的元组形成一个中间关系，再和 student 中满足连接条件的元组进行连接，从而得到最终的结果表。

【例 3-54】 查询每个借阅图书学生的学号、姓名、书号、借阅时间。

```
select student.sno,sname,borrowrestore.bno,borrowdate
from student,book,borrowrestore
where student.sno = borrowrestore.sno and book.bno=borrowrestore.bno
```

3.6.4　嵌套查询

在 SQL 语言中，一个 select-from-where 语句称为一个查询块。将一个查询块嵌套在另一个查询块的 where 子句或 having 短语的条件中的查询称为嵌套查询（nested query）。

微课：嵌套查询

SQL 语言允许多层嵌套查询，即一个子查询中可以再嵌套其他子查询。需要特别指出的是，子查询的 select 语句不能使用 order by 子句，order by 子句只能对最终查询结果排序。

嵌套查询可以用多个简单查询构成复杂查询，从而增强 SQL 的查询能力。以层层嵌套的方式构造程序用的正是 SQL 中的结构化思想。

1. 带有 in 谓词的子查询

在嵌套查询中，子查询的结果往往是一个结果集合，谓词 in 在嵌套查询中是最常用的。

【例 3-55】 查询与 "王丹" 在同一个系的学生。

分析：可以用分解步骤的方法完成查询，这也是构造嵌套查询的基本算法。

① 确定 "王丹" 所在系名为 "计算机"。

```
select sdept
from student
where sname = '王丹'
```

② 查找所有在 "计算机" 系的学生。

```
select *
from student
where sdept in('计算机')
```
③ 将第①步嵌入第②步的查询条件中，从而完成嵌套查询，完整代码如下。
```
select *
from student
where sdept = (select sdept
                 from student
                 where sname = '王丹')
```
本例中，()里的 select 称为子查询，()外的 select 称为父查询。可以看出，子查询是一个可独立运行出结果的查询语句，也就是说，子查询的查询条件不依赖于父查询，这种查询称为不相关子查询（uncorrelated subquery）。这种查询的求解方法一般是由里向外处理，即先执行子查询，再用子查询的结果建立父查询的查询条件。

实现一个查询可以有多种方法，嵌套查询也可以用复合条件查询实现。例如，例 3-55 还可以用自身连接查询语句实现。
```
select s1.*
from student s1,student s2
where s1.sdept = s2.sdept and s2.sname = '王丹'
```
当然，不同的查询方法执行效率会有差别，甚至差别很大。到底应该选择哪种查询方法，是数据库编程人员应该掌握的数据库性能调优技术，包括具体 DBMS 产品的性能调优方法，感兴趣的读者可以参考相关文献资料。

【例 3-56】查询借阅了"数据库"的学生的学号和姓名。

分析：本查询涉及学号、姓名和课程名 3 个属性。学号和姓名存放在 student 表中，书名存放在 book 表中，但 student 表和 book 两个表之间没有直接联系，必须通过 borrowrestore 表建立二者的联系。所以，本查询实际涉及 3 张关系表，整个查询分解过程如下。

① 在 book 表中查找到"数据库"的书号 bno 为 b03。
```
select bno
from book
where bname = '数据库'
```
② 在 borrowrestore 表中找出借阅 bno 的所有学生的学号 sno 为(1001，1002)。
```
select sno
from borrowrestore
where bno = 'b03'
```
③ 在 student 表中取出 sno 对应的姓名 sname。
```
select sno,sname
from student
where sno in('1001','1002')
```
④ 按从下往上的顺序完成嵌套，完整代码如下。
```
select sno,sname
from student
```

```
where sno in(select sno
        from borrowrestore
       where bno = (select bno
                     from book
                    where bname = '数据库'))
```

同样，本查询可以用连接查询实现。

```
select student.sno,sname
from student,borrowrestore,book
where student.sno=borrowrestore.sno and borrowrestore.bno=book.bno
   and bname = '数据库原理'
```

 注意：当子查询结果只有一个时，在合并时用 "=" 或 "in" 均可，但如果有多个时，只能用 "in"。

从例 3-55 和例 3-56 中可以看出，当查询涉及多个关系表时，相对于连接查询，用嵌套查询逐步求解，层次清楚，易于构造，具有结构化程序设计的优点。当然，在实际查询中，并不是所有嵌套查询都能用连接查询替换，到底采用哪种查询方法，读者可自行选择。

2. 带有比较运算符的子查询

以上查询都是不相关子查询，这类查询是嵌套查询中比较简单的。如果子查询的条件依赖于父查询，称为相关子查询（correlated subquery），整个查询语句称为相关嵌套查询（correlated nested query）语句。带有比较运算符的子查询就是最典型的相关子查询。

【例 3-57】找出每个学生罚款超过其平均罚款的借阅信息。

```
select *
from borrowrestore x
where fine >= (select avg(fine)
                from borrowrestore y
               where y.sno = x.sno)
```

x、y 都是表 borrowrestore 的别名，又称元组变量，可以用来表示 borrowrestore 的一个元组。内层子查询是求一个学生的平均罚款，至于是哪个学生的平均罚款要看参数 x.sno 的值，而该值是与父查询相关的，因此这类查询称为相关子查询。整个查询过程如下。

① 从外层查询中取出 borrowrestore 的第一个元组 x，将元组 x 的 sno 值（1001）传送给内层子查询，求出 1001 的平均罚款为 36。

```
select avg(fine)
from borrowrestore y
where y.sno = '1001'
```

② 用 36 代替内层查询，得到外层查询。

```
select *
from borrowrestore x
where fine >= 36
```

③ 用外层查询取出下一个元组。

重复上述①～③步骤的处理，直到外层的 sc 元组全部处理完毕。最终查询结果如图 3-36 所示。

	sno	bno	borrowdate	restoredate	fine
1	1001	b01	2019-02-01	2019-08-01	75
2	1002	b03	2019-06-07	2019-08-04	14

图 3-36 相关子查询的查询结果

注意：不相关与相关子查询的执行过程是完全不同的。不相关子查询是先执行内层子查询，并且是一次性将其结果求解出来，再执行外层父查询；而相关子查询是先执行外层父查询一个元组，再代入内层子查询求解，并且相关子查询因内外层查询相关，因此必须反复求解。

3. 带有 any 或 all 谓词的子查询

子查询返回单值时可以用比较运算符，但返回多值时则需要用 any（有些系统用 some）或 all 谓词修饰。使用 any 或 all 谓词时必须同时使用比较运算符，如表 3-15 所示。

表 3-15 any 或 all 常见表示方法

表示方法	含义
> any	大于子查询结果中的某个值
> all	大于子查询结果中的所有值
< any	小于子查询结果中的某个值
< all	小于子查询结果中的所有值
>= any	大于等于子查询结果中的某个值
>= all	大于等于子查询结果中的所有值
<= any	小于等于子查询结果中的某个值
<= all	小于等于子查询结果中的所有值
= any	等于子查询结果中的某个值
= all	等于子查询结果中的所有值（通常没有实际意义）
!= （或<>） any	不等于子查询结果中的某个值
!= （或<>） all	不等于子查询结果中的任何一个值

【例 3-58】查询其他系中比计算机系某一学生年龄大的学生的姓名、年龄和系别。

```
select sname,sage,sdept
from student
where sage > any (select sage
                  from student
                  where sdept = '计算机') and sdept <>'计算机'
```

图 3-37 的执行过程：首先处理子查询，找出计算机系中所有学生的年龄，构成一个集合（17，20）；然后再处理父查询，找到所有不是计算机系并且年龄大于 17 岁或 20 岁的学生。

	sname	sage	sdept
1	张军	18	经管
2	宋丽	21	电气

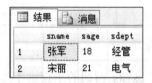

图 3-37 any 查询结果

本查询也可以用聚集函数实现。首先用子查询找出计算机系中的最小年龄（17 岁），然后在父查询中查找所有非计算机系并且年龄大于 17 岁的学生。SQL 语句如下。

```
select sname,sage,sdept
from student
where sage > (select min(sage)
              from student
              where sdept = '计算机') and sdept <> '计算机'
```

【例 3-59】查询其他系中比计算机系所有学生年龄都大的学生的姓名、年龄和系别。

```
select sname,sage,sdept
from student
where sage > all (select sage
                  from student
                  where sdept = '计算机') and sdept <> '计算机'
```

图 3-38 的执行过程：首先处理子查询，找出计算机系中所有学生的年龄，构成一个集合（17，20），然后再处理父查询，找到所有不是计算机系并且年龄大于 20 岁的学生。

	sname	sage	sdept
1	宋丽	21	电气

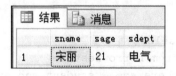

图 3-38 all 查询结果

本查询也可以用聚集函数实现。首先用子查询找出计算机系中的最大年龄（20 岁），然后在父查询中查找所有非计算机系并且年龄大于 20 岁的学生。其 SQL 语句如下。

```
select sname,sage,sdept
from student
where sage > (select max(sage)
              from student
              where sdept = '计算机') and sdept <> '计算机'
```

事实上，用聚集函数实现子查询比直接用 any 或 all 查询效率要高。any、all 与聚集函数的对应关系如表 3-16 所示。

表 3-16　any 或 all 与聚集函数的等价转换关系

谓词	=	<>或!=	<	<=	>	>=
any	in	—	< max	< =max	> max	>= max
all	—	not in	< min	<= min	> min	>= min

4. 带有 exists 谓词的子查询

exists 代表存在量词。带有 exists 谓词的子查询不返回任何数据，只产生逻辑真值 true 或逻辑假值 false。可以利用 exists 判断 $x \in s$、$S \subseteq R$、$s = r$、$s \cap r$ 非空等是否成立。

【例 3-60】查询所有借阅了 b01 图书的学生姓名。

```
select sname
from student
where exists (select *
              from borrowrestore
              where sno = student.sno and bno = 'b01')
```

执行过程：首先取外层 student 表的第一个元组，根据它与内层查询相关的属性 sno 值处理内层查询，即 sno=borrowrestore.sno，并且 borrowrestore.bno='b01'，若 where 子句返回为真，则取外层查询中该元组的 sname 放入结果表中；然后取 student 表的下一个元组。重复这一过程，直到外层 student 表全部检查完为止。

通俗地讲，exists 子查询的查询过程就是将外查询的每个元组依次代入 exists 的内查询作为检查，如果满足条件，则 exists 返回真，将外查询的该元组作为结果放入结果表中；否则放弃该元组。反复执行，直到外查询的所有元组遍历一遍。

【例 3-61】查询没有借阅 b01 图书的学生姓名。

```
select sname
from student
where not exists (select *
                  from borrowrestore
                  where sno = student.sno and bno = 'b01')
```

一般带有 exists 或 not exists 谓词的子查询不能被其他形式的子查询等价替换，但所有带 in、比较运算符、any 和 all 谓词的子查询都能用带 exists 谓词的子查询等价替换。

注意：① 由 exists 引出的子查询，其目标列表达式通常都用*，因为带有 exists 的子查询只返回真值或假值，给出具体列名无实际意义。

② 由于带 exists 量词的相关子查询只关心内层子查询是否有返回值，并不需要查具体值，因此其效率并不一定低于不相关子查询，有时是高效的方法。

【例 3-62】查询借阅所有图书的学生姓名。

分析：由于 SQL 没有全称量词（for all），但可以将全称量词的谓词转换为等价的存在 exists 量词的谓词：$(\forall X)P \equiv \neg(\exists X(\neg P))$。也就是说，需要将题目转换为查询这样的学生：不存在一本图书该学生没有借（双重否定表肯定）。该 SQL 语句可以按以下步骤分解完成。

① 外层父查询，查询学生姓名，条件是"不存在（not exists）一本图书该学生没有借"。

```
select sname
from student
where(not exists (一本图书该学生没有借))
```

② "一本图书该学生没有借"，等价于"不存在（not exists）一本图书该学生借了"。

```
select *
from book
where not exists (借了)
```

③ "借了"只需将 borrowrestore、book 和 student 完成自然连接操作即可。

```
select *
from borrowrestore
where sno = student.sno and bno = book.bno
```

④ 将步骤③嵌入步骤②中，再将步骤②嵌入步骤①中，即可完成整个嵌套查询，完整代码如下。

```
select sname
from student
where not exists (select *
                  from book
                  where not exists (select *
                                    from borrowrestore
                                    where sno = student.sno and bno =
                                    book.bno))
```

本查询也可以用聚集函数实现：先用 count 函数计算出 book 表的图书总数；再分类统计每个学生借阅图书的数量；最后从中筛选出借阅图书数量等于 book 表图书总数的学生。

```
select sname
from student
where sno = (select sno
             from borrowrestore
             group by sno
             having count(bno) = (select count(bno)
                                  from book))
```

【例 3-63】查询至少借阅了学生 1002 借阅的全部图书的学生学号。

```
select distinct sno
from borrowrestore s1
where not exists (select *
                  from borrowrestore s2
                  where s2.sno = '1002'
                  and not exists (select *
                                  from borrowrestore s3
                                  where s3.sno = s1.sno and s3.bno =
                                  s2.bno)) and sno <> '1002'
```

本例查询可以用逻辑蕴涵表达：查询学号为 x 的学生，对所有图书 y，只要学生 1002 借阅了图书 y，则 x 学生也借阅了 y。形式化表示为

用 p 表示谓词"学生 1002 借阅了图书 y"。

用 q 表示谓词"学生 x 借阅了图书 y"。

则上述查询为：$(\forall y)p \rightarrow q$，SQL 语言中没有蕴涵（implication）逻辑运算，但是可以利用谓词演算将一个逻辑蕴涵的谓词等价转换为 $p \rightarrow q \equiv \neg p \vee q$。

本例查询可以转换为等价形式：

$$(\forall y)p \rightarrow q \equiv \neg(\exists y(\neg(p \rightarrow q))) \equiv \neg(\exists y(\neg(\neg p \vee q))) \equiv \neg \exists y(p \wedge \neg q)$$

它所表达的语义为：不存在这样的图书 y，学生 1002 借阅了，而学生 x 没有借阅。

本查询也可以用聚集函数实现，先计算出学生 1002 借阅的所有图书，再筛选出借阅了的图书号在学生 1002 借阅的图书号范围里的学生，然后分类统计这些学生借阅图书的数量，最后筛选出这些学生中借阅的图书数量大于等于学生 1002 借阅的图书数量的学生即可。该查询语句可按以下步骤分解完成。

① 查询学生 1002 借阅的所有图书号为（b01，b03）。

```
select bno
from borrowrestore
where sno = '1002'
```

② 筛选出借阅图书号在集合（b01，b03）范围里的学生，这些学生分为 3 类：只借了 b01 的学生；只借了 b03 的学生；同时借了 b01 和 b03 的学生。

```
select distinct sno
from borrowrestore
where bno in('b01','b03')
```

③ 统计出学生 1002 借阅的图书数量为 2。

```
select count(bno)
from borrowstore
where sno = '1002'
```

④ 分类统计出步骤②筛选出的学生借阅的图书数量大于等于 2 的学生，将步骤② 中的学生 1002 删掉。

```
select distinct sno
from borrowrestore
where bno in('b01','b03') and sno <> '1002'
group by sno
having count(bno) >= 2
```

⑤ 将步骤④～步骤①整理得到以下最终完整的 SQL 语句。

```
select distinct sno
from borrowrestore
where bno in (select bno from borrowrestore where sno = '1002') and
  sno <> '1002'
group by sno
having count(bno) >= (select count(bno)
                      from borrowrestore
                      where sno = '1002')
```

3.6.5　集合查询

select 查询语句的查询结果是元组的集合，所以多个 select 语句的结果可以进行集合操作。集合操作主要包括并（union）、交（intersect）、差（except）。需要特别说明的是，MySQL 只提供了并操作，没有交和差操作，这两种操作在 MySQL 中只能通过复合条件连接实现；同时，参加集合查询的前提是各查询结果的列数和数据类型必须相同。

微课：集合查询

【例 3-64】查询借阅了 b01 或者 b02 的学生。

```
select *
from borrowrestore
where bno = 'b01'
union
select *
from borrowrestore
where bno='b02'
```

本查询实际是查询借阅了 b01 的学生集合和借阅了 b02 的学生集合的并集。使用 union 将多个查询结果合并起来时，系统会自动去掉重复元组；如果想保留重复元组，则用 union all 操作符。同时，本例也可以采用以下复合条件连接查询实现。

```
select *
from borrowrestore
where bno = 'b01' or bno = 'b02'
```

【例 3-65】查询人民邮电出版社出版且价格不大于 40 元的图书。

```
select *
from book
where publish = '人邮'
intersect
select *
from book
where price <= 40
```

同样，可以用以下复合条件连接查询实现。

```
select *
from book
where publish = '人邮' and price <= 40
```

【例 3-66】查询既借了 b01 又借了 b03 的学生的学号。

```
select sno
from borrowrestore
where bno = 'b01'
intersect
select sno
from borrowrestore
where bno = 'b03'
```

同样，可以用以下复合条件连接查询实现。

```
select sno
from borrowrestore
where bno = 'b01' and sno in (select sno
                              from borrowrestore
                              where bno = 'b03')
```

> 注意：① 如果题目中出现"……或……""……及……"时，可用两个查询的并集实现。
> ② 如果题目中出现"……且……""既……又……"时，可用两个查询的交集实现。

【例 3-67】 查询计算机系的学生与年龄不大于 20 岁的学生的差集。

```
select *
from student
where sdept = '计算机'
except
select *
from student
where sage <= 20
```

同样，可以用以下复合条件连接查询实现。

```
select *
from student
where sdept = '计算机' and sage > 20
```

3.6.6　带子查询的数据操纵语句

1. 带子查询的插入语句

微课：带子查询的
数据操纵语句

前面 3.5.1 小节讲插入语句 insert…into…时提到，除了可以插入一条数据外，还可以将一个子查询结果嵌套在 insert 中，实现批量插入数据。

【例 3-68】 对每一个系，求学生的平均年龄，并把结果存入数据库。

分析：本例可按以下步骤分解完成。

① 在数据库中建立一个新表，其中一列存放系名，另一列存放相应的平均年龄。

```
create table dept_age (sdept nvarchar(10),
                       avg_age smallint)
```

② 对 student 表按系分组求出平均年龄。

```
select sdept,avg(sage)
from student
group by sdept
```

③ 将步骤②插入新表 dept_age 中，完整代码如下。

```
insert into dept_age(sdept,avg_age)
select sdept,avg(sage)
```

```
from student
group by sdept
```

完成上述步骤，最终查询结果如图 3-39 所示。

WIN7-20150311CH...- dbo.dept_age

sdept	avg_age
电气	21
计算机	18
经管	18
null	null

图 3-39　带有子查询的插入结果

> 注意：插入一行数据时 values 不可缺少；但插入带子查询的批量数据时，values 必须去掉，否则系统报错。

2. 带子查询的插入语句

子查询同样可以嵌套到更新语句 update 中，用以构造修改的条件。

【例 3-69】将计算机系全体学生的系名置为计算机科学系。

分析：本例可按以下步骤分解完成。

① 查询 student 表中所有计算机系学生的学号。

```
select sno
from student
where sdept = '计算机'
```

② 将步骤①查询结果作为 update 修改的条件，完整代码如下。

```
update student
set sdept = '计算机科学系'
where sno in (select sno
              from student
              where sdept = '计算机')
```

3. 带子查询的删除语句

子查询还可以嵌套到删除语句 delete 中，用以构造删除的条件。

【例 3-70】将计算机系所有学生的借阅记录删除。

```
delete from borrowrestore
where sno in (select sno
              from student
              where sdept = '计算机')
```

或

```
delete from borrowrestore
where '计算机系' = (select sdept
                   from student
                   where student.sno = borrowrestore.sno)
```

3.7 视图

视图是关系数据库系统提供给用户以多种角度观察数据库中数据的重要机制和形式，视图是原始数据库数据的一种变换，是查看表中数据的另一种方式。实际上，视图是一种虚表，它是从一个或几个基本表（或视图）导出的表。视图是一种数据对象，当视图创建后，系统将视图的定义放在数据字典中，而并不直接存储用户所见视图对应的数据，这些数据仍存放在导出视图的基本表中。如果基本表中的数据发生变化，那么从视图查询的数据也随之发生改变，因此有这样一个说法，视图就像一个移动的窗口，透过它可以看到数据库中用户关系的数据及变化。

3.7.1 创建和删除视图

微课：创建和删除视图

视图虽然是一个虚表，但也需要像基本表一样进行定义，而且一经定义，也可以和基本表一样被查询、被删除，甚至还可以在一个视图的基础上再定义视图，但对视图进行增加、删除、修改操作有一定的限制。视图操作也可以采用代码操作和鼠标操作，但由于视图必须包括子查询，在面对一些复杂的子查询时，鼠标操作很难完成，因此本章对视图操作的讲解仍然采用代码操作。

1. 创建视图

SQL 语言用 create view 命令创建视图，其语法格式为

    create view <视图名>[(<列名>[,<列名>]…)]
    as <子查询>
    [with check option]

说明：子查询可以是任意复杂的 select 查询语句，但通常不允许含有 order by 子句和 distinct 短语。with check option 表示对视图进行 update、insert 和 delete 操作时要保证更新、插入或删除的行满足视图定义中的谓词条件，即子查询中的条件表达式。

组成视图的属性列名要么全部省略，要么全部指定。如果省略了视图的各个属性列名，则隐含该视图子查询中 select 子句目标列中的各字段组成。但在下列 3 种情况下必须明确指定组成视图的所有列名。

① 各个目标列不是单纯的属性列名，而是聚集函数或列表达式。

② 多表连接时选出了几个同名列作为视图的字段。

③ 需要在视图中为某个列启用新的更适合的名字。

⚠️ 注意：RDBMS 执行 create view 语句的结果只是把视图的定义存入数据字典，并不执行其中的 select 语句。只在对视图进行查询时，才按视图的定义从基本表中将数据取出来。

【例 3-71】建立人民邮电出版社图书的视图。

```
create view is_book
as
select bno,bname,author,price,publish,number
from book
where publish = '人邮'
```

说明：本例中省略了视图 is_book 的列名，则隐含了子查询中 select 子句中的 3 个列名组成；如果要求进行插入、修改和删除操作时仍需保证该视图只有人民邮电出版社的图书，则在最后一行必须加上 with check option，之后再在对视图 is_book 进行插入、修改和删除操作时，DBMS 都会在其操作语句后自动加上条件语句 publish='人邮'；如果基本表删除了，由该基本表导出的所有视图虽然没有被删除，但均已无法使用。

【例 3-72】将 student 表中所有女生定义为一个视图。

```
create view is_student(sno,sname,ssex,sage,sdept)
as
select *
from student
where ssex = '女'
```

说明：本视图是由子查询 select*建立的，其属性列与 student 表的属性列一一对应。如果修改基本表 student 的结构，student 表与 is_student 视图的映像关系就会被破坏，该视图就不能正确工作了。为了避免这类问题，最好在修改基本表之后删除由该基本表导出的视图，然后再重建这个视图。

以上视图是从一个基本表中导出的，只去掉了基本表的某些行或某些列，保留主码，这类视图称为行列子集视图。例 3-73 中的 is_student1 视图就是一个行列子集视图。视图不仅可以建立在单个基本表上，也可以建立在多个基本表上。

【例 3-73】建立计算机系借阅了 b01 图书的学生视图。

```
create view is_student1(sno,sname,bno)
as
select student.sno,sname,bno
from student,borrowrestore
where sdept = '计算机' and bno = 'b01' and student.sno = borrowrestore.sno
```

视图不仅可建立在一个或多个基本表上，还可建立在一个或多个已定义好的视图上。

【例 3-74】建立计算机系借阅 b01 图书且名字以"王"姓开始的学生视图。

```
create view is_student2
as
select sno,sname,bno
from is_student1
where sname like '王%'
```

定义基本表时，为了减少数据库的冗余数据，表中只存放基本数据，由基本数据经过各种计算派生出的数据一般是不存储的。但由于视图中的数据并不实际存储，所以定义视图时可以根据应用的需要，设置一些派生属性列。这些派生属性在基本表中并不实际存在，所以也称它们为虚拟列。带有虚拟列的视图也称为带表达式的视图。

【例 3-75】定义一个反映学生出生年份的视图。

```
create view is_bt(sno,sname,sbirth)
as
select sno,sname,2019-sage
from student
```

此外，还可用带有聚集函数和 group by 子句的查询定义视图，这种视图称为分组视图。

【例 3-76】将学生表的系及各系平均年龄定义为一个视图。

```
create view is_avg(sdept,gavg)
as
select sdept,avg(sage)
from student
group by sdept
```

说明：由于 as 子句中 select 语句的目标平均年龄是通过聚集函数得到的，所以 create view 中必须明确定义组成 is_avg 视图的各个属性列名。is_avg 是一个典型的分组视图。

2. 删除视图

删除视图仍然用 drop view 完成，其 SQL 语法格式为

drop view <视图名>[cascade]

视图删除后，其定义将从数据字典中删除。如果该视图上还导出了其他视图，则使用 cascade 级联删除语句，把该视图和由它导出的所有视图一并删除。

【例 3-77】删除例 3-72 的视图 is_student。

```
drop view is_student
```

【例 3-78】删除例 3-74 的视图 is_student2。

```
drop view is_student2 cascade
```

说明：本例需加上级联删除 cascade 语句，因为 is_student2 视图还导出了 is_student1，如果不加 cascade 语句，则执行语句时会被 DBMS 拒绝执行。

3.7.2 查询视图

微课：查询视图

视图定义后，用户就可以像对基本表一样对视图进行查询操作了。

【例 3-79】查询例 3-71 视图 is_book 中价格小于 30 元的图书。

```
select bno,bname
from is_book
where price < 30
```

DBMS 执行对视图的查询时，首先进行有效性检查。检查查询中涉及的表、视图等是否存在。如果存在，则从数据字典中取出该视图的定义，把定义中的子查询和用户的查询结合起来，转换成等价的对基本表的查询，然后再执行修正了的查询。这一转换过程称为视图消解（view resolution）。

本例转换后的等价查询如下。

```
select bno,bname
from book
```

```
where publish = '人邮' and price < 30
```

【例 3-80】查询借阅 b01 图书的学生的学号、姓名、书号。

```
select is_student1.sno,sname,is_student1.bno
from is_student1,borrowrestore
where is_student1.sno = borrowrestore.sno and borrowrestore.bno = 'b01'
```

说明：本查询涉及视图 is_student1（虚表）和基本表 borrowrestore，通过视图与表的连接完成用户请求，其连接方式与基本表相同。

一般情况下，视图查询的转换是直截了当的；但有些情况下，这种转换不能直接进行，查询时就会出现问题，如例 3-81 所示。

【例 3-81】在例 3-76 视图 is_avg 中查询学生平均年龄小于 20 岁的系和平均年龄。

```
select *
from is_avg
where gavg <20
```

将本查询与视图 is_avg 定义中的子查询结合，即形成下列修正后的查询语句。

```
select sdept,avg(sage) gavg
from student
where avg(sage)< 20
group by sdept
```

where 语句中不能用聚集函数作为条件表达式，会出现语法错误，修改如下。

```
select sdept,avg(sage) gavg
from student
group by sdept
having avg(sage) < 20
```

目前，多数 RDBMS 对行列子集视图均能进行正确的转换。但对非行列子集视图的查询（如例 3-81）就不一定能做转换了，因此不能对视图进行这类查询，而应该直接对基本表进行查询。

3.7.3　更新视图

更新视图是指通过视图进行插入、删除和修改数据。由于视图是不实际存储数据的虚表，因此对视图的更新最终要转换为对基本表的更新。与查询视图类似，更新视图也是通过视图消解将对视图的更新操作转换为对基本表的更新操作。

微课：更新视图

为防止用户通过视图对数据进行增加、删除和修改，或对不在视图范围内的基本数据进行操作，可在定义视图时加上 with check option 子句。这样在视图上增加、删除、修改数据时，dbms 会检查视图定义中的条件，若不满足条件，则拒绝执行该操作。

【例 3-82】将例 3-71 视图 is_book 中书号 b07 的作者改为周涛。

```
update is_book
set author = '周涛'
where bno = 'b01'
```

通过视图消解，转换为对基本表的操作。

```
update book
set author = '周涛'
where bno = 'b01' and publish = '人邮'
```

【例 3-83】向例 3-71 视图 is_book 中插入一本新书（b10，微机原理，李瑶，39 元，人邮，5）。

```
insert into is_book
values('b10','微机原理','李瑶',39,'人邮',5)
```

通过视图消解，转换为对基本表的操作。

```
insert
into book(bno,bname,author,price,number)
values('b10','微机原理','李瑶',39, '人邮',5)
```

⚠ 注意：因为视图 is_book 的创建条件是"人邮"，那么在插入时应该手动加入这个条件；否则会发生 book 里插入了，而视图 is_book 中却没有这条记录，造成好像没有插入似的错误。

【例 3-84】删除例 3-83 视图 is_book 中书号为 b10 的记录。

```
delete
from is_book
where bno = 'b10'
```

通过视图消解，转换为对基本表的操作。

```
delete from book
where bno = 'b10' and publish = '人邮'
```

在关系数据库中，并不是所有视图都是可以更新的，因为有些视图的更新不能唯一有意义地转换成对相应基本表的更新。例如，修改例 3-73 视图 is_student1 中学生'1001'借的图书的书号。

```
update is_student1
set bno = 'b04'
where sno = '1001'
```

由于视图 is_student1 是由学号、姓名、书号 3 个属性组成的，其中书号在 book 表中。所以，想直接修改该视图的书号 bno 一项，明显是无法实现的。

目前，RDBMS 一般只允许对行列子集视图进行更新，而且各个系统对视图的更新还有进一步的规定。由于各系统实现方法上的差异，这些规定也不尽相同。例如，DB2规定如下。

① 若视图是由两个以上基本表导出的，则此视图不允许更新。

② 若视图的字段来自字段表达式或常数，则不允许对视图进行 insert 和 update 操作，但允许执行 delete 操作。

③ 若视图的字段来自聚集函数，则视图不允许更新。

④ 若视图定义中含有 group by 子句，则此视图不允许更新。

⑤ 若视图定义中含有 distinct 短语，则此视图不允许更新。

⑥ 若视图定义中有嵌套查询，且内层查询的 from 子句涉及的表也是导出该视图的基本表，则视图不允许更新。例如，将 student 年龄在平均年龄之上的元组定义一个视图 is_avg2。

```
create view is_avg2
as
select sno,sname
from student
where sage > (select avg(sage)
             from student)
```

由于视图 is_avg2 的基本表是 student，内层查询中涉及的基本表也是 student，所以视图 is_avg2 是不允许执行更新操作的。

⑦ 一个不允许更新的视图上定义的视图也不允许更新。

本章小结

本章从 SQL 的数据定义、数据更新、数据查询 3 方面着手，系统而详尽地讲解了相关技术和编写方法。SQL 语言是关系数据库语言的核心，得到各个数据库厂商的广泛支持，并在遵循 SQL 语言标准的基础上做了扩充和修改，本章绝大部分例子都可在多个数据库系统上运行，如 SQL Server、MySQL、DB2 甚至 Oracle 系统。其中，SQL 的数据查询功能是最丰富，也是最复杂、最困难的，读者应加强实验练习。同时，在介绍 SQL 语言的基础上还简单地介绍了视图的概念及使用方法。通过视图的管理，对基本表的 SQL 操作会更加灵活、方便。

习题

一、选择题

1. SQL 语言是（　　）的语言，易学习。
   A. 过程化　　　　　B. 非过程化　　　　C. 格式化　　　　D. 导航式
2. SQL 语言是（　　）语言。
   A. 层次数据库　　　B. 网络数据库　　　C. 关系数据库　　　D. 非数据库
3. SQL 语言具有（　　）的功能。
   A. 关系规范化、数据操纵、数据控制
   B. 数据定义、数据操纵、数据控制
   C. 数据定义、关系规范化、数据控制
   D. 数据定义、关系规范化、数据操纵
4. SQL 语言具有两种使用方式，分别称为交互式 SQL 和（　　）。

    A．提示式 SQL   B．多用户 SQL

    C．嵌入式 SQL   D．解释式 SQL

5．假定学生关系是 s(s#,sname,sex,age)，课程关系是 c(c#,cname,teacher)，学生选课关系是 sc(s#,c#,grade)。要查找选修"computer"课程的"女"学生姓名，将涉及关系（　　）。

    A．s   B．sc，c   C．s，sc   D．s，c，sc

6．若用以下的 SQL 语句创建一个 student 表：

```
create table student(no char(4) not null,
name char(8) not null,
sex char(2),
age int(2))
```

可以插入到 student 表中的是（　　）。

    A．('1031','曾华','男',23)   B．('1031','曾华',null,null)

    C．(null,'曾华','男','23')   D．('1031',null,'男',23)

第 7 题到第 9 题基于这样的 3 个表，即学生表 s、课程表 c 和学生选课表 sc，它们的结构如下。

s（s#，sn，sex，age，dept）

c（c#，cn）

sc（s#，c#，grade）

其中，s#为学号，sn 为姓名，sex 为性别，age 为年龄，dept 为系别，c#为课程号，cn 为课程名，grade 为成绩。

7．检索所有比"王华"年龄大的学生的姓名、年龄和性别。正确的 select 语句是（　　）。

A.
```
select sn,age,sex from s
where age > (select age from s
where sn = "王华")
```

B.
```
select sn,age,sex
from s
where sn = "王华"
```

C.
```
select sn,age,sex  from s
where age > (select age
where sn = "王华")
```

D.
```
select sn,age,sex  from s
where age > 王华.age
```

8．检索选修课程"c2"的学生中成绩最高学生的学号。正确的 select 语句是（　　）。

A.
```
select s# from sc
where c# = "c2" and grad >=
(select grade from sc
where c# = "c2")
```

B.
```
select s# from sc
where c# = "c2" and grade in
(select grade from sc
where c# = "c2")
```

C.
```
select s# from sc
where c# = "c2" and grade not in
(select grade from sc
where c# = "c2")
```

D.
```
select s# from sc
where c# = "c2" and grade >= all
(select grade from sc
where c# = "c2")
```

9. 检索学生姓名及其所选修课程的课程号和成绩。正确的 select 语句是（   ）。

A.
```
select s.sn,sc.c#,sc.grade
from s
where s.s# = sc.s#
```
B.
```
select s.sn,sc.c#,sc.grade
from sc
where s.s# = sc.grade
```
C.
```
select s.sn,sc.c#,sc.grade
from s,sc
where s.s# = sc.s#
```
D.
```
select s.sn,sc.c#,sc.Grade
from s.sc
```

二、填空题

1. SQL 是结构化查询语言_____。

2. 视图是一个虚表，它是从_____中导出的表。在数据库中，只存放视图的_____，不存放视图的_____。

三、简答题

设有以下关系表 R：

R（<u>no</u>，name，sex，age，class）

其中，no 为学号，name 为姓名，sex 为性别，age 为年龄，class 为班号。

写出实现下列功能的 SQL 语句。

① 插入一个记录（25，"李明"，"男"，21，"95031"）。

② 插入"95031"班学号为 30、姓名为"郑和"的学生记录。

③ 将学号为 10 的学生姓名改为"王华"。

④ 将所有"95101"班号改为"95091"。

⑤ 删除学号为 20 的学生记录。

⑥ 删除姓"王"的学生记录。

上机实训 1

1）在 SQL Server 或 MySQL 中用代码或鼠标操作完成以下任务。

① 创建成绩管理系统的数据库 scxt。

② 根据第 1、2 章实训中的成绩管理系统的关系模型，为数据库 scxt 创建相关基本表，各表基本结构如表 3-17～表 3-19 所示。

表 3-17 学生表 student 结构

属性名	列名	数据类型	可空	说明
学号	sno	char(10)	×	主键
姓名	sname	varchar(20)	√	值唯一

属性名	列名	数据类型	可空	说明
性别	ssex	char(4)	√	男或女
年龄	sage	smallint	√	
系别	sdept	varchar(20)	√	默认"计算机"

表 3-18　课程表 course 结构

属性名	列名	数据类型	可空	说明
课程号	cno	char(10)	×	主键
课程名	cname	varchar(20)	√	
学时	credit	smallint	√	
学分	chour	smallint	√	

表 3-19　选课表 sc 结构

属性名	列名	数据类型	可空	说明
学号	sno	char(10)	×	主键，外键
课程号	cno	char(10)	×	主键，外键
成绩	grade	float	√	范围 0～100

③ 为上述数据表插入下列数据（表 3-20）。

表 3-20　scxt 的基本表数据

学生表 student

sno	sname	ssex	sage	sdept
1001	张军	男	18	电气
1002	李力	男	17	计算机
1003	张佳	女	19	机械
1004	宋丽琳	女	18	电气

课程表 course

cno	cname	ccredit	chour
c01	数据库	4	64
c02	数学	2	32
c03	信息系统	4	64
c04	操作系统	3	48

选课表 sc

sno	cno	grade
1001	c01	92
1001	c02	null
1001	c03	88
1001	c04	87
1002	c03	90
1003	c01	56
1003	c03	45

2）在 SQL Server 或 MySQL 中用代码操作完成下列任务（不能用鼠标操作）。

① 张佳从机械系转到电气系。

② 这学期"信息系统"这门课的学分改为 4，学时改为 64。

③ "操作系统"这门课这学期取消了。

④ 李力这学期新选了一门课"数据库",成绩 86 分。

⑤ 为 student 表增加一个"籍贯"字段。

⑥ 这学期新来了一个学生,基本信息是:学号为 1005,姓名为李红,籍贯为北京。

上机实训 2

在 SQL Server 或 MySQL 中用代码操作完成以下任务。

1)单表查询:

① 查询年龄在 17~19 岁的学生的学号、姓名和年龄。

② 按年龄从大到小列出所有女学生的学号、姓名和年龄。

③ 查询课程中带有"数据库"3 个字的课程信息,包括课程号、课程名。

④ 查询选修课程后未参加考试的学生学号、课程号。

⑤ 查询既不是计算机系也不是电气系的学生信息。

⑥ 统计共有多少门课。

⑦ 查询所有选课的平均成绩。

⑧ 查询共有多少人选课。

⑨ 查询 1001 同学的选课门数。

⑩ 查询学生平均年龄在 18 岁以下的系。

2)多表查询:

① 查询选修了学分为 4 且包含"数据库"3 个字的课程的学生姓名、课程名和成绩。

② 查询平均成绩在 80 分以上的学生的学号和姓名。

③ 列出课程排行榜。

④ 查询至少选修过 2 门课程且学分在 3 分以上的学生的学号和姓名。

⑤ 查询所有学生的选课情况,包括学生的姓名、课程名、成绩。

⑥ 统计所有学生的选课总量。

⑦ 统计从未选过课的学生的学号和姓名。

⑧ 查询从来没有人选的课程的课程号和课程名。

3)嵌套和集合查询:

① 查询与"张军"同一年出生的学生信息。

② 查询与"数据库"同学分的课程信息,并按学时降序排序。

③ 查询成绩超过学校平均成绩的选课信息。

④ 查询同时选修了"数据库"和"信息系统"的学生的学号和姓名。

⑤ 统计选课人数低于 2 的课程的课程号和课程名。

⑥ 查询和"张佳"选课门数相等的学生的学号和姓名。

⑦ 查询选修了"数据库"但没有选修"数学"的学生的学号和姓名。

⑧ 查询选修了全部课程的学生的学号和姓名。

上机实训 3

在 SQL Server 或 MySQL 中用代码操作完成下列任务。

① 为学分为 4 的课程创建一个视图。

② 通过①视图完成查询学分为 4 的所有课程信息。

③ 通过①视图完成查询学分为 4 且带有"数据库"3 个字的所有课程信息。

④ 通过①视图将课程"数据库"改为"数据库实训"。

第4章 数据库的安全与保护

随着计算机的普及，数据库的使用也越来越广泛。为了适应和满足数据共享的环境和要求，DBMS 要对数据库进行保护，以保证整个系统的正常运转，防止发生数据意外丢失、被窃取和不一致等问题，以及当数据库遭受破坏后能迅速恢复正常。通常 DBMS 对数据库的保护是从安全性控制、完整性控制和数据库的备份与恢复几个方面实现的。

4.1 数据库的安全性控制

数据库的安全性控制就是保护数据库，防止不合法使用造成数据泄露、更改或破坏。安全性问题是计算机系统中普遍存在的问题，在数据库系统中尤为突出，这是因为数据库系统中的大量数据集中存放，且许多数据供最终用户直接共享。数据库系统建立在操作系统之上，操作系统是计算机系统的核心，因此数据库系统的安全性与计算机系统的安全性息息相关。图 4-1 是常见的计算机系统安全模型。

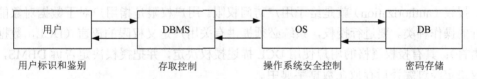

图 4-1 计算机系统安全模型

4.1.1 安全性控制的一般方法

1. 用户标识与鉴别

用户标识与鉴别（identification and authentication）是数据库管理系统提供的最外层安全保护措施。当用户进入数据库系统时，需要提供用户的标识，系统根据标识鉴别此用户是否为合法用户。对于合法用户，系统进一步开放数据库的访问权限；否则拒绝用户对数据库的任何操作。用户标识与鉴别的方法比较多，常用的有以下几种。

微课：安全性控制
的一般方法

（1）用户名标识身份

系统内部记录着所有合法用户的标识，系统对输入的用户名与合法用户名对照，鉴别此用户是否为合法用户：若是，则进入下一步核实；若不是，则不能使用数据库系统。

（2）用户口令标识身份

为了进一步核实用户，系统要求用户输入口令（passowrd），口令正确才能进入系统。为了保密起见，口令由合法用户自己定义并可以随时变更。为防止口令被他人窃取，用户在输入口令时，不把口令的内容显示在屏幕上，而是用"*"替代。这类似QQ、微信登录等。

（3）随机数标识身份

通过用户账号和口令鉴定用户身份的合法性，这种方法简单易行，但容易被非法用户窃取或暴力破解。所以，可以选择更复杂一些的方式。例如，进入数据库管理系统时，系统提供一个随机数，用户根据预先约定的计算过程或计算函数进行计算，并将计算结果输入，系统根据用户的计算结果判定其是否合法。

（4）个人特征标识身份

系统采用生物识别技术进行用户身份鉴别，利用人体固有的指纹、脸像、虹膜等特征，或者笔迹、声音、步态等行为特征进行个人身份鉴定，类似现在的智能手机指纹解锁等，这种方法安全、不易被窃取，目前逐渐被使用。

2. 存取控制

数据库安全性控制的核心是 DBMS 的存取控制机制。存取控制是确保授权的用户按照其权限访问数据库，未被授权的人员无法访问数据库的安全机制。存取控制机制主要包括以下两部分。

（1）授权

授权（authorization）就是给予用户访问权限。用户权限是指用户对于数据对象能够执行的操作种类。要进行授权，系统必须提供有关用户定义权限的语言（DCL，数据控制语言）；具有授权资格的用户使用 DCL 描述授权决定，并把授权决定告诉 DBMS，该授权决定经过编译后存放在数据字典中。

（2）权限检查

权限检查（authorization check）是指当用户请求存取数据库时，DBMS 先查找数据字典中的授权表进行合法权限检查，看用户的请求是否在其权限范围之内。若用户的操作请求超出了定义的权限，系统将拒绝执行该操作。

> 注意：对于一个数据库，不同的用户有不同的访问要求和使用权限。一般可以将数据库的用户分为4类，即系统用户（DBA）、数据库对象的属主（owner）、一般数据库用户和公共用户（public）。其中，DBA 拥有支配整个数据库的特权，通常只有数据库管理员才有这种权力；owner 主要是数据库的创建者，他除了拥有一般数据库的权限外，还可授予或回收其他用户对其所创建的数据库的存取权；一般数据库用户就是可通过授权对数据库进行操作的用户；public 是为了方便共享数据而设置的。

3. 视图机制

视图机制是当前数据库技术中保护数据库安全性的重要手段之一。通过为不同的用户定义不同的视图，可以将要保密的数据对无权存取的用户隐藏起来，从而自动给数据提供一定程度的安全保护。关于视图的创建及使用方法，在 3.7 节中已详细讲解。

4. 数据加密

对于高度敏感数据，如财务数据、军事数据、国家机密，除以上安全性措施外，还可以采用数据加密技术。数据加密技术是防止数据库中数据在存储或者传输中被截获的有效手段。加密的基本思想是根据一定的算法将明文（原始数据）变换成不可直接识别的密文，从而使截取的人无法获知数据的内容。这样可以保证只有掌握了密钥（encryption key）的用户才能获得完整的数据。常用的加密方法有替换法和置换法两种，感兴趣的读者可以自行查阅相关资料。

5. 跟踪审计

跟踪审计（audit trial）是一种监视措施，数据库运行中，DBMS 跟踪用户对一些敏感数据的存取活动，把用户对数据库的操作自动记录下来放入审计日志（audit log）中，有许多 DBMS 的跟踪审计记录文件与系统的运行日志合在一起。系统能利用这些审计跟踪的信息，可以重现导致数据库现状的一系列事件，以找出非法存取数据的人。

> ⚠ 注意：尽管数据库系统提供了上述多种保护措施，但事实上，没有哪一种措施是绝对可靠的。措施越复杂、越全面，安全性越高，随之而来的系统开销也就越大，用户使用也越困难。因此，在设计数据库安全性时，应权衡选用安全性措施。

4.1.2　SQL Server 的安全性控制

SQL Server 2017 中，用户先以某种服务器身份验证模式登录进入 SQL Server 实例，然后再通过 SQL Server 安全性控制对 SQL Server 2017 数据库及其对象进行操作。

微课：SQL Server 的
安全性控制

1. 身份验证模式

SQL Server 支持两类登录名：①Windows 授权用户，来自 Windows 用户或组的用户，由 Windows 操作系统用户验证；②SQL Server 授权用户，来自非 Windows 用户，由 SQL Server 自身用户验证，这类用户也称为 SQL Server 用户。

根据不同的登录名类型，SQL Server 2017 相应地提供了两种身份验证模式：①Windows 身份验证模式，仅允许 Windows 身份用户连接到该 SQL Server 实例，一般用于本地连接数据库时采用，如图 4-2 所示；②SQL Server 身份验证，同时允许 Windows 身份用户和 SQL Server 用户连接到 SQL 实例，此方式同时需要提供登录名和密码，一般用于远程连接数据库时采用，如图 4-3 所示。

设置或修改 SQL Server 实例的身份验证方式有两种：一种是在安装 SQL Server 环境时设置；另一种是以系统管理员身份连接到 SSMS 时设置。

图 4-2　Windows 身份验证界面　　　　　　图 4-3　SQL Server 身份验证界面

如图 4-4 所示，右击当前 SQL Server 实例，选择快捷菜单中的"属性"命令，在弹出的窗口中选择"安全性"选项。

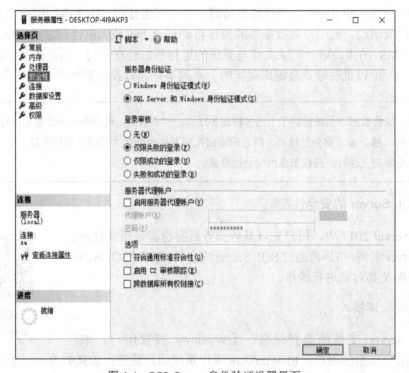

图 4-4　SQL Server 身份验证设置界面

⚠ 　　注意：①登录名 sa（super administrator，超级管理员），拥有支配数据库的所有权限；②在设置或修改完身份验证模式后，必须重新启动 SQL Server 服务才能生效。

2. 权限管理模式

数据库安全性控制还可以通过数据库的权限管理进行。数据库的权限指明了数据库用户能够获得哪些数据库对象的使用权，以及能够对哪些对象执行哪种操作。

（1）数据库用户管理

数据库用户是数据库级别上的主体，用户在使用登录账户登录数据库之后，该用户只能连接到数据库服务器上，并不具有访问任何数据库的权限，因此需要进行权限管理，才能访问此数据库。建立数据库用户有两种方式。

1）用 SSMS 工具实现建立用户。

假设要为图书管理系统数据库建立新用户 zhao。

以系统管理员身份连接到 SSMS，在 SSMS 工具的"对象资源管理器"中，依次展开"数据库"→BookManage→"安全性"，右击"用户"，选择快捷菜单中的"新建用户"命令，在"用户名"文本框中输入 zhao，单击"登录名"文本框右边的"…"按钮查找某个存在的登录名，这里可选择 NT Service\MSSQLSERVER，如图 4-5 所示。

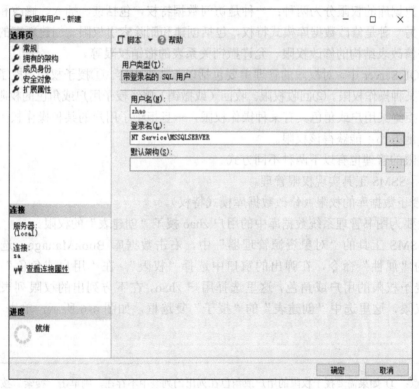

图 4-5　SQL Server 建立用户界面

⚠️　注意：用户名是指新建立的用户名称，是指定要映射为数据库用户的 SQL Server 登录名，其中登录名必须是服务器中有效的登录名，一般可选列表中已有的登录名。如果需要建立新的登录名，感兴趣的读者可自行查阅相关资料。

2）用 SQL 语句建立用户。

建立数据库用户可用 SQL 语句 create user，其语法格式为

create user 用户名[{for|from}]
　　{login 登录名}

【例 4-1】用 SQL 语句让已有登录名 sql-u1 成为图书管理系统数据库中的用户，且用户名和登录名相同。

```
create user sql-u1
```

注意：数据库用户的删除也有两种方式，即 SSMS 和 SQL 语句。通过 SSMS 工具删除用户的操作很简单，只需右击要删除的用户名，选择快捷菜单中的"删除"命令即可。通过 SQL 语句删除用户时，只需执行 SQL 的 drop 语句，即"drop usre 用户名"，即可删除用户，这里不再详述。

（2）数据库权限管理

使用数据库的权限分为两种：一种是访问数据特权，包括读、插入、修改和删除数据权限；另一种是修改数据库模式特权，包括创建和删除索引权限、创建新表的资源权限、允许修改表结构的修改权限、允许撤销关系表的撤销权限等。

在 SQL Server 中，对权限的管理主要包括以下 3 点内容。①授予权限。授予用户或角色具有某种操作权限。②回收权限。收回（或撤销）曾经授予用户或角色的权限。③拒绝权限。拒绝某用户或角色具有某种操作权限，一旦拒绝了用户的某种操作权限，则用户从任何地方都不能获得该权限。

对权限的管理也有以下两种不同方式。

1）用 SSMS 工具实现权限管理。

① 授予数据库的权限（修改数据库模式特权）。

假设要为图书管理系统数据库中的用户 zhao 授予"创建表"的权限。

在 SSMS 工具的"对象资源管理器"中，右击数据库 BookManage，选择快捷菜单中的"属性"命令，在弹出的窗口中选择"权限"。在"用户或角色"栏中选择需要授予权限的用户或角色，这里选择用户 zhao，在下方列出的权限列表中找到相应的权限，这里选中"创建表"的"授予"复选框，如图 4-6 所示，单击"确定"按钮。

注意：① 如果需要授予权限的用户或角色在列出的列表中不存在，则单击"搜索"按钮将该用户添加到列表中再选择。

② 在权限列表中选中"授予"，表示授予该选项；选中"授予并允许"，表示授权同时授予该权限的转授权，即可以将其权限授予他人；选中"拒绝"，表示拒绝用户获得该权限。

② 授予数据库对象上的权限（访问数据库特权）。

假设要为图书管理系统数据库中用户 zhao 授予对 student 表的 select 和 insert 权限。

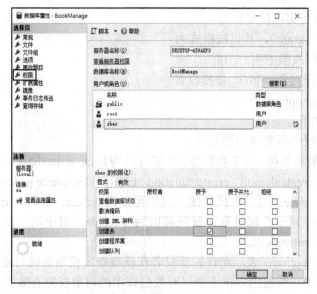

图 4-6 SQL Server 授予数据库权限界面

在 SSMS 工具的"对象资源管理器"中，右击 BookManage 数据库中的 student 表，选择快捷菜单中的"属性"命令，在弹出的窗口中选中"权限"。在"用户或角色"栏中选择需要授予权限的用户或角色，这里选择用户 zhao，在下方列出的权限列表中找到相应的权限，这里选中"插入"的"授予"复选框，如图 4-7 所示，单击"确定"按钮。

注意：如果要授予用户在表的某些列上的权限，在选中"权限"列表下某个操作权限时单击"列权限"，在弹出的对话框中选中 sno、sname 后面的"授予"复选框，再单击"确定"按钮。

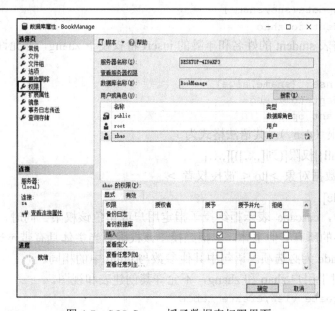

图 4-7 SQL Server 授予数据表权限界面

2）用 SQL 语句实现权限管理。

① 授予权限（grant），其语法格式为

```
grant {all}|权限[(列[,…])][,…]
[on < 数据对象 >]to < 被授权者 >
[with grant option]
```

各参数说明如下。

- all：表示授予所有可用的权限。
- 权限：权限的名称。对于数据库，权限可以为 backup database、backup log、create database、create default、create function、create rule、create procedure、create table 或 create view；对于表或视图，权限可以为 select、insert、delete、update 或 references；对于存储过程，权限可以为 execute；对于用户函数，权限可以为 execute 和 references。
- with grant option：表示允许被授权者在获得指定权限的同时还可以将此权限转授给其他用户或角色。该选项仅对数据库中的对象权限有效。

> 注意：使用 grant 语句时有两个特殊的用户和角色，即 public 角色和 guest 用户。public 代表数据库系统的全体用户，对于大部分可以公开的数据，可以一次性地授权给 public，而不必对每个用户逐个授权；授予 guest 用户的权限可为所有在数据库中没有数据库用户账户的访客使用。

【例 4-2】在图书管理系统数据库中，将表 student 的 select 操作权限授予所有用户。

```
grant select
on student to public
```

【例 4-3】将表 student 的学号、姓名字段的 update 权限授予 zhao 用户。

```
grant update(sno,sname)
on student to zhao
```

【例 4-4】将表 student 的姓名和年龄的 insert 特权授予 zhang，并允许他将此特权转授给其他用户。

```
grant insert(sname,sage)
on student to zhang
with grant option
```

② 拒绝权限（deny），其语法格式为

```
deny {all}|权限[(列[,…])][,…]
[on < 数据对象 >]to < 被授权者 >
[cascade]
```

上述语句中，cascade 表示拒绝授予指定用户或角色该权限；同时，对该用户或角色授予了该权限的所有其他主体，也拒绝授予该权限。当主体具有带 with grant option 的权限时，cascade 为必选项。语句中其他参数与 grant 中的相同。

【例 4-5】对于用户 zhao 和 zhang，不允许其创建表和视图。

```
deny create view,create table
to zhao,zhang
```

【例 4-6】对于用户 li 和 wang，拒绝其对 book 表的增加、删除、修改权限。

```
deny insert,update,delete
on book to li,wang
```

③ 回收权限（revoke），其语法格式为

　　revoke[grant option for]

　　{all} |权限[(列[,…])][,…]

　　[on < 数据对象 >]to | from < 授权者 >

　　[cascade]

各参数说明如下（未做说明的参数与 grant 和 deny 中同名参数作用相同）。

- grant option for：表示将撤销授予权限的能力。在使用 cascade 参数时，需要具备该功能。如果主体具有不带 grant 选项的指定权限，将撤销该权限本身。
- revoke：只取消当前数据库内指定用户和角色的已授予或拒绝的权限。

【例 4-7】收回已授予 liu 的 crate table 权限。

```
revoke create table
from zhao
```

【例 4-8】取消以前对 zhang 用户授予或拒绝的 student 表中姓名、性别的 insert 特权。

```
revoke insert(sno,ssex)
on student from zhang
```

4.1.3　MySQL 的安全性控制

MySQL 的安全性控制机制与 SQL Server 几乎是一样的，只在操作方式和个别语法格式上略有不同。

微课：MySQL 的
安全性控制

1. 身份验证模式

在身份验证模式上，MySQL 和 SQL Server 不同，它只设置一类登录名，只需要输入正确的用户名和密码即可登录，一般本地连接数据库时使用默认用户名为 root，密码为 root，该用户拥有支配本地数据库的所有权限。图 4-8 展示的是在 phpMyAdmin 中登录 MySQL 数据库。

2. 权限管理模式

（1）数据库用户管理

和 SQL Server 一样，在 MySQL 中也可以建立或删除数据库用户，其方式同样有两种。

① 用 phpMyAdmin 实现建立用户。

假设仍然建立新用户 zhao。

图 4-8　MySQL 登录界面

以 root 账号登录 phpMyAdmin，选择"用户"→"添加用户"菜单命令，在弹出的对话框中输入新"用户名""主机名""密码"，如图 4-9 所示，单击"添加用户"按钮。

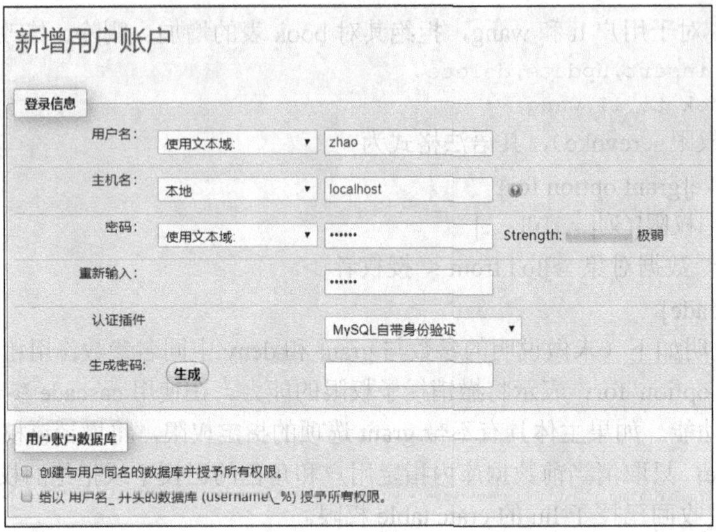

图 4-9　MySQL 建立用户界面

> ⚠️ 注意：与 SQL Server 建立用户不同的是，在 phpMyAdmin 中建立用户无须事先指定数据库名称，也就是说该用户并不是针对某个数据库建立的，而是针对整个 MySQL 的用户。

② 用 SQL 语句实现建立用户。

和 SQL Server 一样，MySQL 同样使用 create user 语句建立新用户，只是语法格式略微不同，MySQL 的语法格式为

create user <用户名>[identified]by[password]<口令>

各参数说明如下。

- 用户名：格式为 '用户名'@'主机名'。其中，用户名是新建立的用户名称；主机名是用户连接 MySQL 时所在主机的名字，如果是本地主机，可用 localhost。若在创建的过程中只给出了用户名，而没指定主机名，则主机名默认为 "%"，表示一组主机。
- password：可选项，用于指定散列口令，即若使用明文设置口令，则需忽略。
- identified by：指定用户账号对应的口令。若该账号无口令，则可省略此子句。
- 口令：给定的口令值可以是只由字母和数字组成的明文，也可以是通过 password() 函数得到的散列值。

【例 4-9】在 MySQL 中创建一个用户，用户名为 zhao，密码为 1234，主机为 localhost。

```
create user 'zhao' @ 'localhost' identified by '1234'
```

（2）数据库权限管理

MySQL 权限管理与 SQL Server 是一样的，同样有授予和回收，但没有拒绝。

MySQL 权限管理方式有两种，即 phpMyAdmin 和 SQL 语句操作，其中 MySQL 中关于权限管理的 SQL 语法格式和 SQL Server 完全一样，不再赘述，这里只介绍如何用 phpMyAdmin 实现权限管理。

假设为新用户 zhao 授予在线图书管理系统数据库的所有权限。

以 root 账户进入 phpMyAdmin，单击"用户"，找到 zhao，单击"编辑权限"，在弹出的页面中找到"按数据库指定权限"，在下拉列表框中选择 bookmanage，单击"执行"按钮，在弹出的页面中单击"全选"复选框，再单击"执行"按钮，如图 4-10 所示。

图 4-10　MySQL 权限管理界面

> ⚠️ 注意：这里的"编辑权限"除了可以对某个用户（包括 root）授予和回收（取消）权限外，还可以进行修改（重置）该用户密码等操作。

4.2　数据库的完整性控制

数据库的完整性控制已在 3.4.2 小节的完整性约束条件中详细讲解，这里不再赘述。值得说明的是，为了维护数据库的完整性，DBMS 提供了对完整性约束的支持。现代数据库管理系统一般都有完整性控制子系统，专门负责处理数据库的完整性语义约束的定义和检查，防止因错误操作产生不一致性数据库，这和 4.1 节所讲的安全性控制都是保护数据库的重要措施，两者虽有不同，但却紧密联系。安全性是指保护数据库以防止非法使用所造成的数据泄露、更改或破坏，其防范对象是非法用户或合法用户的非法操作；而完整性是指防止合法用户使用数据库时向数据库中加入不符合语义的数据，其防范对象是不合语义的数据。

微课：数据库的
完整性控制

4.3　数据库的备份与恢复

尽管数据库系统中采用了各种保护措施来防止数据库的安全性和完整性遭到破坏，但计算机同其他设备一样，也会发生故障。故障的原因多种多样，包括硬件故障、软件错误、操作员失误、灾难故障以及人为的恶意破坏等，这些故障轻则造成运行的非正常中断，影响数据库中数据的正确性，重则破坏数据库，使数据库中的全部或部分数据丢失，从而导致整个系统崩溃。因此，数据库系统必须具备能够采取必要措施把数据库从错误状态恢复到某一已知的正确状态的功能，这就是数据库的恢复技术。数据库的恢复技术对系统的可靠程度起着决定性作用，而且对系统的运行效率也有很大的影响，是衡量系统性能优劣的重要指标。

数据库的恢复技术有很多，其中数据转储是较为常用且十分有效的技术之一。所谓数据转储，是指由 DBA（数据库管理员）定期将整个数据库中的内容复制到另一个存储设备或另一个磁盘上去，这些转储的副本称为数据（库）备份。一旦系统发生故障，数据库遭到破坏时，就可以将最近的备份导入，将数据库恢复正常。很显然，用这种转储（备份）技术，数据库只能恢复到最近转储时的状态，从最近转储点至故障期间的所有对数据库的更新将会丢失，必须重新运行这期间的全部更新，如图 4-11 所示。

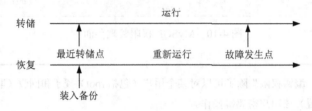

图 4-11 数据备份和恢复

由于数据库的数据量一般比较大，备份一次十分耗费时间和资源，并且转储期间一般不允许对数据库进行操作，因此备份操作不能过于频繁。DBA 应该根据数据库使用情况确定一个适当的备份周期，如一周一次或一月一次，一般建议在夜间或周末进行。

4.3.1 SQL Server 的数据备份和恢复

微课：SQL Server 的
数据备份和恢复

虽然不同的 DBMS 都拥有数据备份和恢复机制，但具体操作过程和语法格式并不完全相同。本小节主要介绍如何在 SQL Server 环境下实现数据的备份和恢复。

1. 数据备份

SQL Server 支持 4 种备份类型，即完全备份、差异备份、事务日志备份、文件和文件组备份。这里重点介绍常用的完全备份方式。

完全备份是将数据库中的全部信息进行备份，它是恢复的基线，差异备份和事务日志备份都依赖完全备份。在进行完全备份时，不但要备份数据库的数据文件、日志文件，还要备份文件的存储位置以及数据库中的全部对象。实现完全备份有两种方式。

（1）用 SSMS 工具实现完全备份

假设要将图书管理系统数据库 BookManage 进行完全备份。

进入 SSMS 的"对象资源管理器"，找到 BookManage 并右击，选择快捷菜单中的"任务"→"备份"命令，在弹出的窗口中可全部采用默认设置，单击"确定"按钮即可将 BookManage 备份到 SQL Server 安装路径下的 Backup 文件下，并以"原名.bak"

命名，如图 4-12 所示。

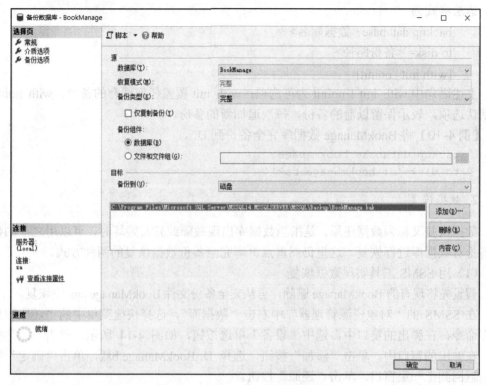

图 4-12　SQL Server 数据完全备份

如果想将备份放到指定的路径下，以方便查找，则需单击"添加"按钮，在弹出的对话框中单击"…"按钮，选择备份路径，同时在"文件名"文本框中输入备份文件的名称，如图 4-13 所示。

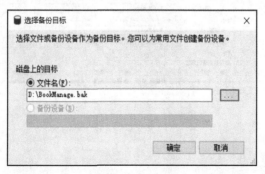

图 4-13　在 SQL Server 中指定新的备份路径

⚠️　注意：SQL Server 允许将一个数据库同时备份到多个路径下形成多个备份（镜像），但在恢复时却只允许恢复一个镜像，所以这里在指定新路径时需要先将默认路径删除，再单击"添加"按钮。

（2）用 SQL 语句实现完全备份

语法格式为

　　backup database <数据库名>

　　to disk= <备份路径>

　　[with init | noinit]

上述语句中 with init | noinit 为可选项：with init 覆盖任何现有的备份；with noinit 为默认选项，表示保留以前的备份，每次追加新的备份。

【例 4-10】将 BookManage 数据库完全备份到 D:\。

```
backup database bookmanage
to disk='d:\bookmanage.bak'
```

2. 数据恢复

数据恢复又称为数据还原，是指当数据库出现故障或异常毁坏时，可以用之前的数据备份对数据库进行恢复。这里仍然重点讲解完全备份数据恢复的两种方式。

（1）用 SSMS 工具实现数据恢复

假设先将现有的 BookManage 删除，再从完全备份文件 BookManage.bak 中恢复。

在 SSMS 的"对象资源管理器"中右击"数据库"，选择快捷菜单中的"还原数据库"命令，在弹出的窗口中，选中"设备"单选按钮，如图 4-14 所示，单击"…"按钮，在弹出的窗口中，单击"添加"按钮，选择 D:\BookManage.bak，单击"确定"按钮，返回到上一级窗口，单击"还原"按钮。

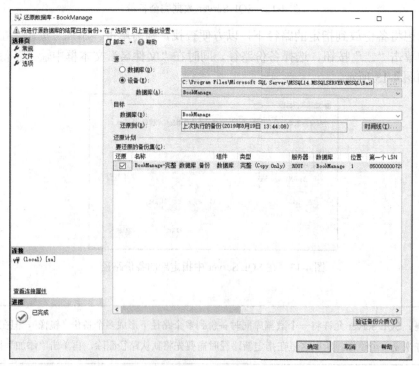

图 4-14　SQL Server 数据恢复界面

⚠ 　　注意：这里的“目标”中的数据库文本框里默认为备份数据库文件名，也可重新命名，只需要在文本框中输入名称，则该名称为恢复后的数据库名称。

（2）用 SQL 语句实现数据恢复

语法格式为

　　　　restore database <数据库名>

　　　　from disk= <备份文件路径>

　　　　[with recovery| norecovery]

上述语句中 with recovery | norecovery 为可选项：with recovery 指在执行数据库恢复后不回滚未提交的事务；with norecovery 为默认选项，与 recovery 恰好相反，要求在执行数据库恢复后回滚未提交的事务。

【例 4-11】将 D:\BookManage 数据库恢复成新数据库 BM。

```
restore database bm
from disk = 'd:\bookmanage.bak'
with recovery
```

4.3.2　MySQL 的数据备份和恢复

MySQL 数据库的备份和恢复和 SQL Server 一样也有两种方式，即 phpMyAdmin 和 SQL 语句操作，其中 MySQL 中关于数据备份和恢复的 SQL 语法格式与 SQL Server 完全一样，不再赘述，这里重点介绍如何在 phpMyAdmin 中实现数据库的备份和恢复。

微课：MySQL 的数据
备份和恢复

1．数据备份

仍然假设对在线图书管理系统数据库 BookManage 进行数据备份。

进入 phpMyAdmin，单击右边窗口最上面的“导出”标签，在打开的页面中选中“自定义”单选按钮，在列表框中选择 bookmanage 选项，如图 4-15 所示，单击最下面的

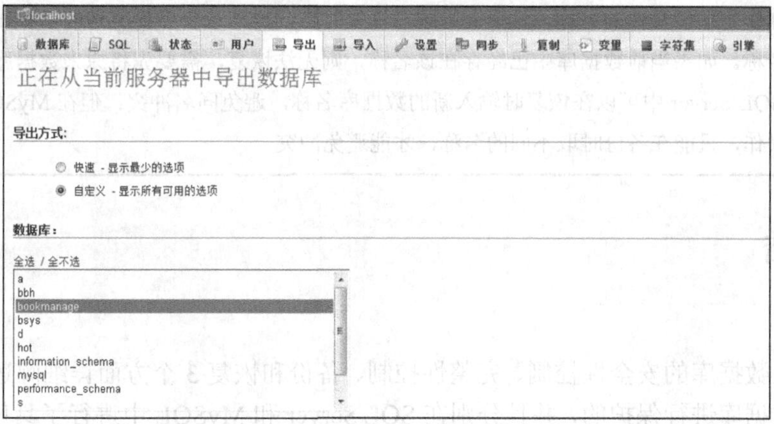

图 4-15　MySQL 数据备份界面

"执行"按钮，在弹出的对话框中单击"保存"按钮，选择备份路径并输入备份文件名，单击"保存"按钮完成备份。

> 注意：SQL Server 和 MySQL 的备份文件扩展名是不一样的，SQL Server 的扩展名为.bak，而 MySQL 的扩展名为.sql。

2. 数据恢复

假设将刚才备份的 bookmanage.sql 进行数据恢复。

进入 phpMyAdmin，单击右边窗口最上面的"导入"标签，在打开的页面中单击"浏览"按钮，如图 4-16 所示，在弹出的对话框中选择 bookmanage.sql，单击"执行"按钮，完成数据恢复。

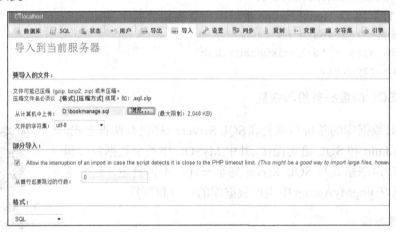

图 4-16　MySQL 数据恢复界面

> 注意：一般来说，为了方便记忆，SQL Server 和 MySQL 在数据备份时常常默认采用当前数据库的名称作为备份文件的名称，这样会导致在恢复时也同样默认将备份文件的名称作为恢复后的数据库名称。如果当前数据库中已经存在该名称，则无法恢复，需要先将原来数据库删除后再恢复。在 SQL Server 中可以在恢复时输入新的数据库名称，避免同名冲突；但在 MySQL 中无法进行这种操作，只能在备份时取不同的名称，才能避免冲突。

本章小结

本章从数据库的安全性控制、完整性控制、备份和恢复 3 个方面详细阐述了 DBMS 是如何对数据库进行保护的，并且分别在 SQL Server 和 MySQL 中进行了具体的实践操作。数据库的安全和保护是保证数据库正常运行的重要机制，只有掌握了数据库的常用保护手段，才能在实际数据库运行中避免数据库受到破坏。

习题

一、选择题

1. 以下选项中，（　　）不是对数据库进行保护的措施。

　　A．数据备份　　　　B．远程登录　　　　C．并发控制　　　　D．外键约束

2. 在表定义中，限制"性别"列的属性值为"男"或"女"，属于数据的（　　）约束。

　　A．实体完整性　　　B．用户自定义　　　C．参照完整性　　　D．用户操作

3. 数据库的（　　）控制可以保证数据的正确性和相容性。

　　A．完整性　　　　　B．安全性　　　　　C．并发　　　　　　D．恢复

4. 在数据库的权限管理中，（　　）不是 SQL Server 所拥有的。

　　A．授权　　　　　　B．拒绝　　　　　　C．回收　　　　　　D．赋值

5. DBMS 提供授权功能控制不同用户访问数据的权限，这是为了实现数据库的（　　）。

　　A．可靠性　　　　　B．一致性　　　　　C．安全性　　　　　D．完整性

6. 下列 SQL 语句中，能够实现"收回用户 zhao 对学生表 student 的学号 sno 的修改权"这一功能的是（　　）。

　　A．revoke update(sno) on table from zhao

　　B．revoke update(sno) on table from public

　　C．revoke update(sno) on student from zhao

　　D．revoke update(sno) on student from public

7. 关于主键约束，以下说法错误的是（　　）。

　　A．允许空值的字段上不能定义主键约束

　　B．可以将包含多个字段的字段组合设置为主键

　　C．一个表中只能设置一个主键约束

　　D．允许空值的字段上可以定义主键约束

二、填空题

1. 参照完整性属于_____级约束。

2. MySQL 权限管理包括两方面，一是_____，二是_____。

3. SQL Server 提供了两种登录模式：_____和_____。

4. 在 phpMyAdmin 中对数据进行备份和恢复的操作是_____和_____。

5. MySQL 数据备份有_____、_____和事务日志备份。

6. 在 SQL 语言中，使用_____语句完成数据备份。

三、简答题

1. 列举 3 种数据库的安全性控制方法。
2. 简述参照完整性的内容。
3. 简述如何在 MySQL 中用 SQL 语句将数据库 xx 以完全覆盖的形式备份到 E:\backup。
4. 简述在 SQL Server 中用 SSMS 完成数据恢复的过程。

上机实训

请在 SQL Server 或 MySQL 中完成以下对成绩管理系统数据库 SCXT 的相关操作。

① 新建一个用户 newuser（密码自行设置），并授予其对 SCXT 的所有权限。

② 用 newuser 账户登录，在 SCXT 中新建一张表（表结构自行设计），并对其进行插入、修改、删除、查询等操作。

③ 对 SCXT 进行备份和恢复操作。

第 5 章　高级 SQL 编程

标准 SQL 语言具有操作统一、面向集合、功能丰富、使用简单等多项优点，但和程序设计语言相比，高度非过程化的优点同时也造成缺乏流程控制能力的弱点，难以实现应用业务中的逻辑控制。高级 SQL 编程技术可以有效地克服 SQL 查询语言实现复杂应用方面的不足，提高应用系统和 DBMS 的互操作性。

5.1　T-SQL 语言基础

Transact-SQL 语言，也称事务语言，简称 T-SQL，是 Microsoft 对标准 SQL 语言的一种扩展。T-SQL 实现了对 SQL 语句高效集成和应用，利用 T-SQL 编写实用的数据库程序可以完成数据库各种操作。在 T-SQL 编写的业务处理过程中，可以不区分大小写，从而方便地使用与数据相关的标识符、常量、变量、函数和表达式，同时还可以使用流程控制语句和谓词。

和标准 SQL 语言不同的是，T-SQL 语言在 SQL Server 和 MySQL 中并不是完全通用的，不同之处会明确标识出来，读者按需求选择。

5.1.1　变量定义和使用

程序运行中按值变与不变可分为常量和变量。常量指在程序运行过程中值保持不变的量，可分为字符串常量（单引号括起来）、整型常量（整数）、浮点型常量（小数）、日期时间型常量、货币常量、布尔常量（true 和 false）等。常量一般都是直接使用，相对简单。

变量是指在程序运行过程中值可以发生变化的量，形式多样，相对复杂，因此常用于代码操作。这里重点讲解变量在 SQL Server 和 MySQL 中的定义和使用方法。

微课：变量定义
和使用

1. 代码操作（SQL Server）

在 SQL Server 中，T-SQL 语言有两种形式的变量：一种是用户自定义的局部变量；另一种是系统提供的全局变量。

（1）局部变量

局部变量是一个能够拥有特定数据类型的对象，它的作用范围仅限制在程序内部。局部变量被引用时要在其名称前加上标志 "@"，而且必须先用 declare 命令定义后才能使用。

1）定义局部变量。

在使用局部变量之前必须用 declare 命令定义，其语法格式为

    declare @变量名 1 数据类型[,@变量名 2 数据类型,...]

说明："数据类型"用于设置数据对象的类型及大小，可以由系统提供或用户自定义，但不能是 text、ntext 或 image 类型。其中，常用系统数据类型可参考表 3-1。

2）赋值局部变量。

局部变量定义后，除系统自动赋值为 null 外，用户还可以用 select 或 set 命令为其赋值，其语法格式为

    set @变量名 = 表达式值;

    select @变量名 1 = 表达式值 1[,@变量名 2 = 表达式值 2,...]

    select @变量名 = 输出值 from 表名 where 条件

说明：

① set 一次只能为一个变量赋值，而 select 可一次为多个变量赋值。

② 表达式值可以是直接数据值，如整数、小数、字符串等；也可以是从表中取值，如果从表中返回多个值，只能用 select 赋值，而且是取最后一个值赋给变量。

③ 表达式值的类型应与变量的类型保持一致。

3）输出局部变量。

T-SQL 中也可用 select 以表的形式查看并输出一个变量的值，其语法格式为

    select @变量名

【例 5-1】声明一个变量并赋值。

```
declare @myvar char(20)
set @myvar = 'hello'
select @myvar
```

【例 5-2】为多个变量直接赋值。

```
declare @var1 int,@var2 char(20)
select @var1 = 3,@var2 = 'hello'
select @var1,@var2
```

【例 5-3】以基本表 book 为例，通过查询表返回结果为变量赋值。

```
use bookmanage
declare @rows int
set @rows = (select count(*) from book)
select @rows
```

（2）全局变量

除了局部变量外，系统还提供了全局变量。全局变量是系统内部使用的变量，其作用范围并不仅仅局限于某一程序，而是任何程序均可随时调用。全局变量通常存储系统的配置设定值和统计数据。用户可以在程序中使用全局变量测试系统的设定值或 T-SQL 命令执行后的状态值。使用全局变量应该注意以下几点：

① 全局变量不是由用户程序定义的，而是系统服务器定义的。

② 用户只能使用全局变量，不能对其进行定义和修改。

③ 使用全局变量的一般格式：@@变量名。

④ 局部变量的命名不能与全局变量相同。

常用的系统全局变量有以下 4 种。

① @@error，返回最后一个语句产生的错误代码。

② @@rowcount，返回最后一个语句执行后受影响的行数，任何不返回行的语句将置该变量为零。

③ @@trancount，事务嵌套即计数。

④ @@transtate，一个语句执行后事务的当前状态。

【例 5-4】显示到当前日期和时间为止用户试图登录系统的次数。

```
select getdate() as '当前日期和时间',@@connections as '登录的次数'
```

2. 代码操作（MySQL）

在 MySQL 中，变量分为两种，即系统变量和用户变量。但在实际使用中，还会遇到诸如局部变量、会话变量、全局变量等概念。

（1）局部变量

局部变量一般用在 SQL 语句块 begin...end 中，并嵌入函数、存储过程、触发器中使用，用 declare 来声明，其作用域仅限于该语句块，执行完毕后，局部变量就消失了。

1）定义局部变量。

在 begin...end 中用 declare 命令定义，其语法格式为

declare 变量名 1　数据类型[,变量名 2　数据类型,...][default　默认值];

说明：MySQL 常用数据类型和 SQL Server 基本相同。

2）局部变量的赋值。

局部变量一般使用 set 进行赋值，其语法格式为

set 变量名 1 = 表达式值 1[,变量名 2 = 表达式值 2,...];

select 列名[,...] into 变量名[,...] from 表名[where...];

3）输出局部变量。

和 SQL Server 一样，MySQL 也可以用 select 以表的形式查看并输出一个变量的值，其语法格式为

select 变量名;

【例 5-5】将例 5-2 修改为 MySQL 代码。

```
begin
declare var1 int,var2 char(20);
set var1 = 3,var2 = 'hello';
select var1,var2;
end;
```

【例 5-6】将例 5-3 修改为 MySQL 代码。

```
begin
declare rows int;
```

```
select count(*) into rows from book;
select rows;
end;
```

> 注意：与 SQL Server 相比较，MySQL 局部变量的区别在于以下几点。
> ① MySQL 每条语句结束必须用分号；
> ② MySQL 的局部变量无法单独使用，必须嵌入函数、存储过程或触发器的 begin…end 中使用；
> ③ MySQL 的局部变量名前不加@；
> ④ MySQL 可用 set 赋值多个变量，select 不能单独赋值，必须搭配 into。

（2）用户变量

用户变量的作用域比局部变量广，在客户端连接到数据库实例的整个过程中用户变量都是有效的，在当前连接断开后，其设置的所有用户变量均失效。

1）赋值用户变量。

MySQL 中定义用户变量不用事前定义，可直接用 "@变量名" 使用，其语法格式为

　　　set @变量名=值;或 set @变量名:=值;

　　　select @变量名:=值;或 select @变量名:=列名[,...] from 表名[where...];

说明：用户变量使用 set 赋值可用 "=" 或 ":="，但在用 select 赋值时只能用 ":="。

2）输出用户变量。

与 SQL Server 一样，MySQL 仍然可以用 select 以表的形式查看和输出一个变量值，其语法格式为

　　　select @变量名;

【例 5-7】求两个数的和。

```
set @a = 2;
set @b = 3;
set @c = @a+@b;
select @c;
```

运行结果如图 5-1 所示。

【例 5-8】修改例 5-6 代码。

```
select @rows:=count(*) from book;
select @rows;
```

运行结果如图 5-2 所示。

　　图 5-1　set 运行结果　　　　图 5-2　select 运行结果

（3）会话变量

服务器为每个连接的客户端维护一系列会话变量。在客户端连接数据库实例时，使用相应全局变量的当前值对客户端的会话变量进行初始化。设置会话变量不需要特殊权

限，但客户端只能更改自己的会话变量，而不能更改其他客户端的会话变量。会话变量的作用域与用户变量一样，仅限于当前连接，在当前连接断开后，其设置的所有会话变量均失效。

1）定义和赋值会话变量。

设置会话变量有 3 种方式更改会话变量的值，其语法格式为

set session　变量名=值;

set @@session.变量名=值;

set　变量名=值;

说明：最后一种缺省 session，系统默认为 session。

2）输出会话变量。

查看一个会话变量也有 3 种方式，其语法格式为

select @@变量名;

select @@session.变量名;

show session variables like "%var%";

（4）全局变量

全局变量影响服务器整体操作。当服务器启动时，它将所有全局变量初始化为默认值。这些默认值可以在选项文件中或在命令行中指定的选项进行更改。要想更改全局变量，必须具有 super 权限。全局变量作用于 server 的整个生命周期，但是不能跨重启。即重启后所有设置的全局变量均失效。要想让全局变量重启后继续生效，需要更改相应的配置文件。

1）定义和赋值会话变量。

要设置一个全局变量，有两种方式，其语法格式为

set global　变量名=值;

set @@global.变量名=值;

2）输出全局变量。

要想查看一个全局变量，也有两种方式，其语法格式为

select @@global.变量名;

show global variables like "%var%";

5.1.2　运算符和表达式

表达式是指由常量、变量、函数、关系属性等操作数通过运算符按规则要求连接而成的式子，其中运算符表示操作数进行何种运算。一般来说，表达式分为数学表达式、字符串表达式、关系表达式和逻辑表达式 4 种，它们对操作数都有数据类型要求。

微课：运算符和表达式

SQL Server 和 MySQL 常用运算符基本相同，这里不再赘述，只是注意运算符一般都是搭配变量使用，因此在使用时只需注意两者变量的不同使用即可。

1. 数学表达式

数学表达式用于各种数值运算的表达式，运算对象的数据类型分为整型和浮点型，能够进行加（+）、减（-）、乘（*）、除（/）和取余（%）5 种二元运算，还有一元运算取正数（+）和求相反数（-）。取余（%）运算的两个操作数必须为整型。两个整数运算结果的数据类型是整型，如果两个操作数一个为浮点数，刚运算结果的数据类型为浮点型。

【例 5-9】设圆的直径为 7，通过整型和浮点型两种方式求圆的半径及圆的面积，并分别输出两种方式求得的半径值和面积值。

```
declare @i int=7,@f as float=7
set @i=@i/2
set @f=@f/2
select @i,@f,7.0/2,3.14*@f*@f
```

运行结果如图 5-3 所示。

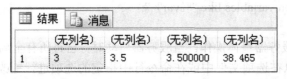

图 5-3　例 5-9 运行结果

整型变量@i/2 的结果为整型变量 3，局部变量@f 在赋初值时把整数 7 转变为浮点数，所以@f/2 的值为浮点数 3.5。程序最后一句的表达式 7.0/2 的值是浮点型，所以值为 3.500000。

2. 字符串表达式

字符串表达式常用于字符串运算和操作，运算符为"+"，表示字符串连接，形成一个新的字符串。操作数的数据类型有 char、varchar，也可以通过数据类型转换为 char 或 varchar 类型的数据。

【例 5-10】创建一个整型变量和一个字符串变量，通过"+"连接输出。

```
declare @i int=2019
declare @name varchar(30)
set @name='sql' + 'server' + str(@i)
select @name
```

3. 关系表达式

关系表达式是对两个可比的操作进行比较，结果值为"真"和"假"的表达式。常用关系运算符有大于（>）、大于等于（>=）、小于（<）、小于等于（<=）、等于（=）、不等于（!=或<>）、不大于（!>）、不小于（!<）等。经常使用的操作数有整数、浮点数。

4. 逻辑表达式

使用逻辑运算符连接的运算表达式称为逻辑表达式。逻辑运算符连接的表达式通常是关系表达式，用于表示复杂的条件。逻辑运算符有 and、or 和 not。其中，and 表示左右两个逻辑值都为"真"结果为"真"，其余都为"假"；or 表示左右两个逻辑值都为"假"结果为"假"，其余都为"真"；not 是单目运算符，对其后的操作数求反，"真"求反后为"假"，"假"求反后为"真"。

5. 运算符的优先级

一个 T-SQL 表达式中可能包含多个运算符，表达式的运算顺序由运算符的优先级来确定，虽然"()"不是运算符，但是括号的优先级最高。常用运算符的优先级如表 5-1 所示。

表 5-1　运算符优先级

优先级	运算符名称	所包含运算符
1	乘、除、求模运算符	*、/、%
2	加减运算符	+、-
3	比较运算符	=、>、<、>=、<=、<>、!=、!>、!<
4	逻辑运算符	not
5	逻辑运算符	and
6	逻辑运算符	or

具有相同优先级运算符的算术表达式中，运算符按照自左向右的顺序进行。运算符对操作数的数据类型都有要求，不同的数据类型要求能够隐式转换；如果不能自动转换的需要使用 cast、convert、str 等函数手动转换后才能进行表达式运算，否则不能通过编译。

5.1.3　流程控制语句

流程控制语句是用来控制程序执行和流程分支的语句。T-SQL 中的流程控制语句是对 SQL 标准的扩展，使其成为功能更强的编程语言。

微课：流程控制语句

1. begin…end 语句（通用）

begin…end 语句能够将多个 T-SQL 语句组合成一个语句块，并将它们视为一个单元，类似于 C/C++ 中的大括号（{}）功能，其语法格式为

```
begin
    SQL 语句或语句块
end[;]
```

说明：SQL Server 可省略 end 后的分号，但 MySQL 一定要习惯在 end 后加分号。

2. go 语句（仅 SQL Server）

go 语句是 T-SQL 的结束语句，用于定义批处理的结束。两个 go 之间的若干 T-SQL

语句形成一个批，其好处在于，可以将代码分成若干小段，即使前一小段运行失败，其他小段可能还会继续运行。go 语句仅在 SQL Server 中使用；MySQL 用分号（;）表示结束，无须使用 go 语句。

3. print 语句（仅 SQL Server）

print 用于输出，仅在 SQL Server 中支持，MySQL 中仍然用 select。print 的语法格式有以下两种。

① 直接显示字符串：

　　print 字符串 1[+ 字符串 2 + …]

【例 5-11】print 输出常量值。

```
print 'hello'
print 'hello' + 'world'
```

② 直接显示变量值：

　　print 变量名

【例 5-12】print 输出变量值。

```
declare @msg smallint
set @msg = 2
print @msg
```

注意：print 和 select 都可以输出常量或变量值，其区别有如下两点。

① print 是输出语句，直接输出值；而 select 是查询语句，以表结构形式输出值。

② select 可一次性直接输出多个变量值，用逗号隔开；而 print 一次只能直接输出一个值，除非用"+"串联才能输出多个字符型值。

4. if 语句（通用，但语法不同）

if 语句是条件判断语句，用来判断当某一条件成立时执行某段程序，条件不成立时执行另一段程序。SQL Server 和 MySQL 虽然都有 if 语句，但格式略有不同。

（1）代码操作（SQL Server）

在 SQL Server 中，if 语句的基本语法格式为

　　If(条件表达式)

　　　　SQL 语句或语句块

　　[else if(条件表达式)]

　　　　SQL 语句或语句块

　　[else]

　　　　SQL 语句或语句块

说明：if 条件语句和 C/C++中 if 的用法一样，共有 3 种方式。

① 单重条件语句：只有一个 if，其他都省略。

② 双重条件语句：if…else…。

③ 多重条件语句：if…else if…else…或 if…else if…。

if 的条件表达式()可省略，但如果含有 select 语句，则必须用()将 select 括起来。

SQL Server 控制语句中的 SQL 语句或语句块有两个及两个以上应用 begin…end。

【例 5-13】if 条件语句简单举例。

```
declare @data1 smallint, @data2 smallint
select @data1 = 4,@data2=10
if @data1 >= @data2
    print '最大数为第 1 个数'
else
    print '最大数为第 2 个数'
```

【例 5-14】以基本表 student 为例，如果平均年龄小于 18 岁，则显示平均年龄小于 18 岁；如果平均年龄在 18～20 岁，则显示平均年龄在 18～20 岁之间；否则显示学生平均年龄大于 20 岁。

```
if(select avg(sage) from student) < 18
        print '学生平均年龄小于 18 岁'
else if(select avg(sage) from student) < 20
        print '学生平均年龄在 18~20 岁之间'
else
        print '学生平均年龄大于 20 岁'
```

（2）代码操作（MySQL）

在 MySQL 中，if 语句一般无法独立运行，需要嵌入到函数、存储过程或触发器中使用，其语法格式为

```
if 条件表达式  then
    SQL 语句或语句块;
[else if 条件表达式]then
    SQL 语句或语句块;
[else]
    SQL 语句或语句块;
end if;
```

说明：MySQL 控制语句中的 SQL 语句或语句块不管有多少个都无须用 begin…end。

【例 5-15】修改例 5-13 的代码。

```
declare data1 smallint, data2 smallint;
set data1 = 4,data2=10;
if data1 >= data2 then
    print '最大数为第 1 个数';
else
    print '最大数为第 2 个数';
end if;
```

【例 5-16】修改例 5-14 的代码。

```
declare avg_age float;
```

```
select avg(sage) into avg_age from student;
if avg_age<18 then
        select '学生平均年龄小于 18 岁';
else if avg_age < 20 then
        select '学生平均年龄在 18~20 岁之间';
else
        select '学生平均年龄大于 20 岁';
end if;
```

5. case 语句（通用）

case 语句是多重条件判断语句，可以计算多个条件值，并将其中一个符合条件的结果表达式返回。类似于 C/C++中的 switch 语句。case 语句可分为简单 case 和搜索 case 语句。

（1）简单 case 语句

将某个表达式与一组简单的表达式比较以决定结果，其语法格式为

> case 输入表达式
>
> when 表达式 1 then 结果表达式 1
>
> [,…n]
>
> [else 结果表达式]
>
> end

当"输入表达式"等于第 i 个 when 的"表达式"时，返回第 i 个"结果表达式"。当所有 when 比较都不满足时，如果有 else，则返回 else 的结果表达式；否则，返回 null 值。

【例 5-17】以基本表 student 为例，要求性别为男时输出"男生"，性别为女时输出"女生"。

学号	姓名	性别
1	1001	王丹	女生
2	1002	周阳	男生
3	1003	张军	男生
4	1004	宋丽	女生

图 5-4 例 5-17 运行结果

```
select sno 学号,sname 姓名,
case ssex
when '男' then '男生'
when '女' then '女生'
end
性别
from student
```

运行结果如图 5-4 所示。

（2）搜索 case 语句

计算一组布尔表达式以决定结果，其语法格式为

> case
>
> when 布尔表达式 1 then 结果表达式 1
>
> [,…n]
>
> [else 结果表达式]
>
> end

当第 i 个 when 的"布尔表达式"为真时，返回第 i 个"结果表达式"。当所有 when 的

布尔表达式都不为真时，如果有 else，则返回 else 的"结果表达式"；否则，返回 null 值。

【例 5-18】以基本表 book 为例，通过价格对图书进行分类。价格大于 80 元的为核心类图书，价格为 41~80 元的为基本类图书，价格为 21~40 元的为一般性图书。

```
select bno 书号,bname 书名,price 价格,
case
when price > 80 then '核心类图书'
when price > 40 then '基本类图书'
when price > 20 then '一般性图书'
end
类型
from book
```

运行结果如图 5-5 所示。

	书号	书名	价格	类型
1	b01	C语言	23.5	一般性图书
2	b02	英语	27	一般性图书
3	b03	数据库	45	基本类图书
4	b10	微机原理	39	一般性图书

图 5-5　例 5-18 运行结果

6. while 语句（通用，但语法不同）

while 语句用于当条件表达式为真时，重复执行 SQL 语句或语句块。

（1）代码操作（SQL Server）

在 SQL Sever 中，while 语句的基本语法格式为

```
while(条件表达式)
      SQL 语句或语句块
```

说明：条件表达式的()可省略，但如果含有 select 语句，则必须用()括起来；语句块中可以用 continue 跳过它后面的所有语句,回到 while 语句的第一行命令；也可以用 break 语句使程序完全跳出循环，结束 while 的所有语句。

【例 5-19】while 循环简单举例。

```
declare @count smallint
set @count=0
while @count <= 10
begin
    set @count = @count+1
    if @count = 6
       break
    else
       continue
end
```

【例 5-20】以基本表 book 为例，为所有图书的库存量循环加 1。

```
declare @i smallint
set @i = 0
while @i < 5
begin
    update book set number = number+1
    set @i=@i+1
end
```

（2）代码操作（MySQL）

MySQL 共有 3 种循环，第一种就是 while 语句，其语法格式为

```
while 条件表达式 do
    T-SQL 语句或语句块;
end while;
```

说明：MySQL 中的 while 没有 continue 和 break，只有当条件为假时才退出循环。

【例 5-21】修改例 5-20 为 MySQL 代码。

```
declare i smallint;
set i = 0;
while i < 5 do
    update book set number=number+1;
    set i = i+1;
end while;
```

7. loop 语句（仅 MySQL）

MySQL 提供的第二种循环，称为 loop 循环语句，其语法格式为

```
标记名:loop
    if 条件表达式 then
        leave 标记名;
    end if;
    SQL 语句或语句块:
end loop;
```

说明：重复执行 SQL 语句或语句块，当条件表达式为真时离开循环，leave 类似于 SQL Server 中的 break。循环体中 SQL 语句或语句块位于 if 前面或后面均可。

【例 5-22】用 loop 改写例 5-21。

```
declare i smallint;
set i = 0;
lp:loop
    if i >= 5 then
        leave lp;
    end if;
    update book set number = number+1;
    set i = i+1;
end loop;
```

8. repeat 语句（仅 MySQL）

MySQL 提供的第三种循环，称为 repeat 循环语句，其语法格式为

```
repeat
    SQL 语句或语句块;
until 条件表达式 end repeat;
```

说明：重复执行 SQL 语句或语句块直到条件表达式为真时结束循环。

【例 5-23】用 repeat 改写例 5-21。

```
declare i smallint;
set i = 0;
repeat
    update book set number = number+1;
    set i = i+1;
until i >= 5 end repeat;
```

9. if[not]exists 语句（通用，但语法不同）

if[not]exists 语句用于判断是否有数据存在，一般搭配 select 语句使用。

（1）代码操作（SQL Server）

SQL Server 中 if[not]exists 的基本语法格式为

　　if[not]exists(select 语句)

　　　　SQL 语句或语句块

　　[else]

　　　　SQL 语句或语句块

【例 5-24】以基本表 book 为例，查询 book 表中是否有 b01 图书。

```
if exists(select * from book where bno = 'b01')
begin
    print '有 b01 图书'
    return
end
```

（2）代码操作（MySQL）

MySQL 中 if[not]exists 的基本语法格式为

　　if [not]exists(select 语句)then

　　　　SQL 语句或语句块

　　[else]

　　　　SQL 语句或语句块

　　end if;

【例 5-25】改写例 5-24 为 MySQL 代码。

```
if exists(select * from book where bno = 'b01') then
    select '有 b01 图书';
    return;
end if;
```

10. waitfor 语句（仅 SQL Server）

waitfor 语句用于暂时停止执行 T-SQL 语句、语句块和存储过程等，直到所设定的时间已过或者所设定的时间已到才继续执行，这在定义测试时特别有用。其语法格式为

　　waitfor{delay 'time' | time 'time'}

说明：delay 用于指定时间间隔，表示延迟"time"时间后执行；time 用于指定某一时刻，表示指定在"time"时刻执行。"time"的数据类型为 datatime，格式为"hh:mm:ss"。

【例 5-26】延迟 10 秒后查询图书表 book 记录。

```
waitfor delay '00:00:10'
select * from book
```

【例 5-27】在今晚 22:20 查询图书表 book 记录。

```
waitfor time '22:20:00'
select * from book
```

11. sleep 语句（仅 MySQL）

类似于 SQL Server 中的 waitfor 语句，MySQL 也提供了一个功能类似的语句，被称为 sleep 的定时函数，该语句一般放在 select 子句里，其语法格式为

sleep(duration);

说明：duration 表示等待的时间，以秒为单位。

【例 5-28】改写例 5-26 为 MySQL 代码。

```
select sleep(10);
select * from book;
```

5.2 函数

函数是指完成某种特定功能的程序。函数的处理结果为返回值，处理过程为函数体。各个 DBMS 都提供了丰富的系统函数，方便用户实现各种操作和运算，也提供了用户自定义函数，以增加程序的复用性。

5.2.1 系统函数的调用

微课：系统函数
的调用

SQL Server 和 MySQL 都提供了大量的系统函数，可直接调用，大大增强了程序的可操作性。

1. 聚集函数

聚集函数用于对一组值进行计算并返回一个单一的值。聚集函数经常与 select 语句中的 group by 子句一同使用。除 count 函数外，聚集函数忽略空值。SQL Server 和 MySQL 的聚集函数都是通用的，已在表 3-13 列出，这里不再介绍。

2. rank 函数

rank 为排名函数，也叫窗口函数，能对每个数据行进行排名，从而提供以升序来组织输出。可以给每行一个唯一的序号，或者给每组相似的行相同的序号。SQL Server 和 MySQL 8.0 都提供了 4 种通用窗口函数。其中，MySQL 8.0 有以下新增功能。

① row_number。为查询的结果行提供连续的整数值序列。

② rank。为行的集合提供升序的、非唯一的排名序号，对于具有相同值的行，给予相同的序号。由于行的序号有相同的值，因此，要跳过一些序号。

③ dense_rank。与 rank 类似，不过，无论有多少行具有相同的序号，dense_rank 返回的每一行的序号将比前一个序号增加 1。

④ ntile。把从查询中获取的行放到具有相同（或尽可能相同）行数的、特定序号的组中，ntile 返回行所属组的序号。

rack 函数的基本语法格式为：

rack() over ([partition by 列名] order by 列名)

说明：over 定义排名应该如何对数据排序或划分；partition by 定义列使用什么数据作为划分的基线；order by 定义数据排序的详情。其中，ntile 的括号里必须有一个正整数常量表达式，用于指定每个分区必须被划分成的组数。

【例 5-29】以基本表 book 为例，为 book 表按书价从低至高显示。

```
select bno 书号,bname 姓名,price 价格,rack() over (order by price) 排名
from  book
where price is not null
```

运行结果如图 5-6 所示。

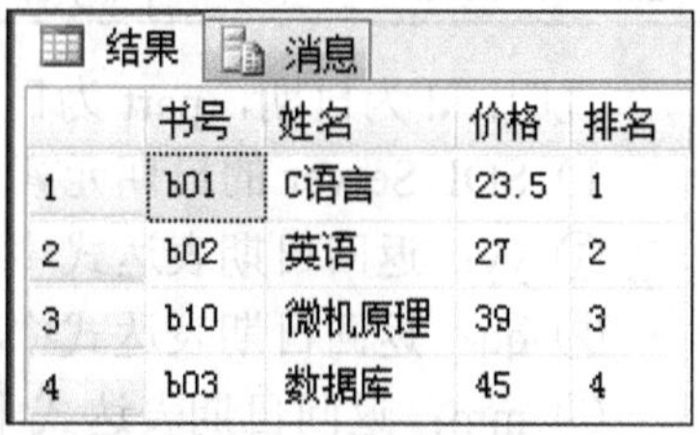

	书号	姓名	价格	排名
1	b01	C语言	23.5	1
2	b02	英语	27	2
3	b10	微机原理	39	3
4	b03	数据库	45	4

图 5-6 例 5-29 运行结果

3. 字符串函数

字符串函数可对字符串和表达式进行不同运算，大多数字符串函数只能用于 char 和 varchar 数据类型以及明确转换成 char 和 varchar 的数据类型，T-SQL 提供的常用字符串函数如表 5-2 所示，其中“√”表示支持，“×”表示不支持。

表 5-2 T-SQL 常用字符串函数

含义	SQL Server	MySQL	SQL Server 示例
从 start 开始截取长 len 的子串	substring(s,start,len)	√	substring('abcd',2,2)
从右边开始截取长 len 的子串	right(s,len)	√	right('abc',2)
从左边开始截取长 len 的子串	left(s,len)	√	left('abc',2)
全部转换为大写	upper(s)	√	upper ('abc')
全部转换为小写	lower(s)	√	lower ('abc')
查找 s1 出现在 s2 的位置	charindex (s1,s2)	×	charindex('bc','abc')
在 s 中用 news 替换 olds	replace(s,olds,news)	√	replace('stu','t','p')
s1 和 s2 首尾相连	contact (s1,s2)	√	contact('he','llo')
将 s 左边的空格去除	ltrim (s)	√	ltrim (' abc')
将 s 右边的空格去除	rtrim (s)	√	rtrim ('abc ')
获取 s 长度	len (s)	length(s)	len('abc')

说明：s 为字符串，olds 为原字符，news 为新字符，len 为长度，start 为开始位置。

【例 5-30】以基本表 book 为例，获取图书名最左边的 3 个字符。

```
select left(bname,3)
from book
```

4. 日期函数

日期函数用于对日期数据进行处理和运算。可在 select 语句和 where 子句以及表达式中使用。表 5-3 中给出 T-SQL 中常用的日期函数。

表 5-3　T-SQL 常用日期函数

含义	SQL Server	MySQL	SQL Server 示例
将 d 的 part 增加 n	dateadd(part,n,d)	date_add(…)	dateadd(dd,5,'1990-10-20')
以字符串返回 d 指定的 part	datename(part,d)	×	datename(dw,'2019-08-29')
以整数返回 d 指定的 part	datepart(part,d)	×	datepart(yy'2019-08-29')
两个日期相减 d2-d1	datediff(p,d1,d2)	datediff(d2,d1)	datediff(dd,'1990-10-20',getdate())
返回当前日期	getdate ()	curdate()	getdate()
返回日期 d 的年份数	year(d)	√	year(getdate())
返回日期 d 的月份数	month(d)	√	month(getdate())
返回日期 d 的天数	day(d)	√	day(getdate())

说明：d 为日期，part 为日期元素。

1）SQL Server 的日期元素 part 包括以下几种。

① yy：返回日期表达式中的年。

② qq：返回日期表达式中的季。

③ mm：返回日期表达式中的月。

④ dw：返回日期表达式中的星期几。

⑤ dy：返回日期表达式中一年的第几天。

⑥ dd：返回日期表达式中的天。

⑦ wk：返回日期表达式中一年的第几个星期。

⑧ hh：返回日期表达式中的小时。

2）MySQL 的 date_add()基本语法格式为：

　　date_add(date,INTERVAL '数值'单位)

【例 5-31】将表 5-3 中的 dateadd 示例改写为 MySQL。

```
date_add('1990-10-20', INTERVAL '5' day)
```

说明：表示将 1990-10-20 增加 5 天。

【例 5-32】以基本表 student 为例，在 SQL Server 中查询学生的出生年份。

```
select sno 学号,sname 姓名,year(getdate())-sage 年龄
from student
```

5. 数学函数

数学函数用于数字表达式进行数学运算并返回运算结果。数学函数可对 SQL 提供的数字数据进行处理。T-SQL 中常用的数学函数如表 5-4 所示。

表 5-4　T-SQL 常用数学函数

含义	SQL Server	MySQL	示例
求绝对值	abs(n)	√	abs(-100)
向上取整	ceiling(n)	√	ceiling(99.2)
向下取整	floor(n)	√	floor(99.2)
四舍五入为指定的精度	round(n,len)	√	round(66.2387,2)
表示 e 的浮点表达式次方	exp (f)	√	exp(0)
求随机数	rand()	√	rand()
求 f 的对数值	log(f)	√	log(1)
求圆周率	pi()	√	pi()
求 n 的 e 次方	power(n,e)	√	power(3,3)
求 n 的平方根	sqrt(n)	√	sqrt(4)
求 f 的正弦值	sin(f)	√	sin(pi())
求 f 的余弦值	cos(f)	√	cos(pi())
求 f 的正切值	tan(f)	√	tan(pi())

说明：n 为数值表达式；f 为浮点表达式；e 为指数；len 为小数的位数。

【例 5-33】以基本表 book 为例，图书价格保留两位小数。

```
select bno 书号,bname 书名,round(price,2) 价格
from book
```

6. 类型转换函数

当两种不同类型的数据进行运算时，需将它们先转换为同一类型，然后再进行运算。类型转换分为显式（explict）和隐式（implict）两种。隐式类型转换是指系统根据一定的转换规则自动完成的转换；而显式类型转换是指用户手动地利用一些转换函数完成的转换。

（1）隐式转换

表 5-5 所示为 T-SQL 的隐式转换规则。除此之外，在以下几种类型的比较中，也会进行隐式转换：字符串与 datetime、smallint 和 int 以及 char 和 varchar。

表 5-5　T-SQL 的类型转换

数据类型	real	float	char	varchar	money
real	—	隐式	显式	显式	隐式
float	隐式	—	显式	显式	隐式
char	显式	显式	—	隐式	显式
varchar	显式	显式	隐式	—	显式

（2）显式转换

SQL Server 和 MySQL 都提供了两种显式转换函数，即 convert 和 cast。其中，cast 函数两者通用，其语法格式为

　　cast (表达式 as 转换类型符)

【例 5-34】cast 函数简单举例，将字符型显式转换为整型。

```
declare @number char(20)
set @number = '1001'
print cast(@number as smallint)+1
```

对于 convert 函数，SQL Server 和 MySQL 在语法上有略微区别。

① 代码操作（SQL Server），其语法格式为

    convert(转换类型符[(长度)],表达式[,style])

说明：如果遇到转换为日期类型，一般选用 convert 函数，因为它的 style 参数可以更好地转换成不同样式的日期。其中，style 的常用取值如表 5-6 所示。

表 5-6 style 取值及格式

style 值	输出格式	style 值	输出格式
2	yy.mm.dd	102	yyyy.mm.dd
3	dd/mm/yy	103	dd/mm/yyyy
4	dd.mm.yy	104	dd.mm.yyyy
5	dd-mm-yy	105	dd-mm-yyyy

【例 5-35】将整型转换为字符型。

```
print convert(char(20),20)
```

【例 5-36】将日期型显式转换为字符型。

```
declare @birth datetime
set @birth = '1999-05-13'
print convert(char(20),@birth,103)
```

② 代码操作（MySQL）。MySQL 中 convert 函数的参数位置与 SQL Server 的正好相反，其语法格式为

    convert(表达式,转换类型符)

【例 5-37】修改例 5-35 为 MySQL 代码。

```
select convert(20,char(20));
```

7. isnull | ifnull 函数

在聚集函数中，一般会把空值 null 列排除在外。有时为了运算方便，需要将空值列包含进来参与运算。这时可用 isnull 函数（SQL Server）或 ifnull 函数（MySQL）指定一个数值来替换表中的 null 值。其语法格式为

    isnull(列名,替换的值)

【例 5-38】以基本表 book 为例，计算图书平均价格。

```
select avg(isnull(price,0)) 图书平均价格
from book
```

5.2.2 自定义函数创建和调用

微课：自定义函数创建和调用

    T-SQL 虽然提供了丰富的系统函数，但用户在编程时，有时需要将 T-SQL 语句编为子程序，以便日后反复使用。这种子程序称为用户自定

义函数。用户自定义函数用 create function 命令完成，且 create function 必须是一个批的第一行语句。

1. 代码操作（SQL Server）

SQL Server 提供了 3 种用户自定义函数，下面详细介绍这些函数的创建与调用。

（1）标量函数

用户自定义标量函数返回单个数据，返回值类型可以是除 text、ntext、image、cursor 和 timestamp 以外的任何数据类型。

① 标量函数的创建，其语法格式为

```
create function [所有者.]函数名([参数 1 类型[=默认值],…])
returns  返回值类型
as
begin
        函数体
        return  返回的标量值表达式
end
```

【例 5-39】以基本表 borrowrestore 为例，定义一个标量函数，输入学号和书号，得到借阅时间。

```
use bookmanage
go
create function fn_getdate(@snum varchar(10),@cnum varchar(10))
returns datetime
as
begin
    declare @result datetime
    set @result = ( select borrowdate
                    from borrowrestore
                    where sno = @snum and bno = @cnum
                  )
    return @result
end
go
```

> ⚠ 注意：因为 use 和 create function 都必须位于一个批的第一行，所以必须在 use bookmanage 后加上 go 命令，表示将它们分隔为两个完全独立的批，这样它们自然位于各自批的第一行了。

② 标量函数的调用。调用标量函数，必须提供至少由两部分组成的名称（所有者.函数名）。如果定义标量函数时省略了所有者，那么函数的所有者默认是 dbo。以下是调用例 5-39 标量函数的方式。

```
print dbo.fn_getdate('1001','b01')
```

（2）表值函数

表值函数是返回 table 类型的用户自定义函数。返回的 table 一般是 select 查询结果表。

① 表值函数的创建，其语法格式为

```
create function  函数名([参数 1  类型[=默认值],…])
returns table
as
return [select  语句]
```

【例 5-40】以基本表 book 为例，输入书号，得到该书籍的所有基本信息。

```
use bookmanage
go
create function fun_book (@snum  varchar(10))
returns table
as
return (select *
        from book
        where bno = @snum)
go
```

② 表值函数的调用。与标量函数调用不同，首先，表值函数调用可省略函数的所有者；其次，表值函数返回的是一个表，因此其调用往往和 select 语句搭配使用。以下是调用例 5-40 表值函数的方式。

```
select * from fun_book('b01')
```

（3）多语句表值函数

多语句表值函数返回的也是 table。与表值函数不同的是，多语句表值函数返回的表往往不是数据库已经存在的表，而是重新定义的新表。

① 多语句表值函数的创建，其语法格式为

```
create function  函数名([参数 1 类型[=默认值],…])
returns @表变量 table(表类型定义)
as
begin
        函数体
        return
end
```

【例 5-41】以数据库 bookmanage 为例，输入学生学号，输出学生的学号、姓名、借阅的图书书号和书名。

```
use bookmanage
go
create function fn_message(@snum varchar(10))
returns @temp table
        (
            sno varchar(10),
            sname varchar(10),
```

```
                bno varchar(10),
                bname varchar(10)
            )
    as
    begin
        insert into @temp
        select student.sno,sname,book.bno,bname
        from student,book,borrowrestore
        where student.sno = @snum and student.sno = borrowrestore.sno
                                    and book.bno = borrowrestore.bno
        return
    end
    go
```

② 多语句表值函数的调用。其调用方式与表值函数调用方式一样，以下是调用例 5-41 的语句。

```
select * from fn_message('1001')
```

2. 代码操作（MySQL）

（1）自定义函数的创建

MySQL 只提供了一种用户自定义函数，其语法格式为

```
create function 函数名称([参数 1 类型[=默认值] [,参数 2 类型[=默认值],...])
returns 返回值类型
begin
    函数体;
    return 返回值;
end;
```

说明：MySQL 的用户自定义函数和 SQL Server 的标量函数基本相同，只是 MySQL 中没有关键词 as。

【例 5-42】改写例 5-39 为 MySQL 代码。

```
delimiter //
create function fn_getdate(snum varchar(10), bnum varchar(10))
returns datetime
begin
    declare result datetime;
    set result = (select borrowdate
                    from borrowrestore
                    where sno = snum and bno=cnum
                    );
    return result;
end
//
delimiter ;//
```

> 注意：create function 前必须使用 delimiter。由于 MySQL 中默认使用分号结束一个命令，定义的函数体中一条命令写完时会用分号来结束，而 MySQL 会误以为函数体已经定义完成，因此可以使用 delimiter 来定义新的结束符号。除用户自定义函数外，存储过程、触发器创建时都要使用 delimiter 命令。最后一行的 delimiter 后一定要空格。

（2）自定义函数的调用

MySQL 中使用 select 调用自定义函数，其语法格式为

  select 函数名(参数列表);

例 5-34 的调用语句为：

```
Select fn_getdate('1001','b01');
```

5.2.3 自定义函数的修改和删除

1. 修改自定义函数

  SQL Server 和 MySQL 修改自定义函数的语法是一样的，即将创建函数的 create 命令改成 alter 命令，其余语法格式和创建时完全一样。alter 可以修改除函数名以外的全部内容，如果想修改函数名，只能删除后重建。所以，这里只重点介绍修改函数时的鼠标操作。

（1）鼠标操作（SQL Server）

【例 5-43】将例 5-39 的自定义函数修改为得到还书时间。

进入 SSMS 主界面，选择 bookmanage，单击"+"按钮展开，选择"可编程性"，单击"+"按钮展开，选择"函数"，单击"+"按钮展开"标量值函数"，单击"+"按钮展开 fn_getdate 并右击，选择快捷菜单中的"修改"命令，按图 5-7 所示改后单击"!"按钮执行。

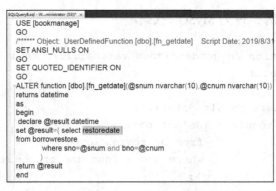

图 5-7 SQL Server 修改自定义函数

（2）鼠标操作（MySQL）

以例 5-43 为例，进入 phpMyAdmin 主界面，单击 bookmanage，在右边窗口的上方

找到"程序"并单击，找到 fn_getdate 行，单击"编辑"按钮，按图 5-8 所示修改，单击"执行"按钮。

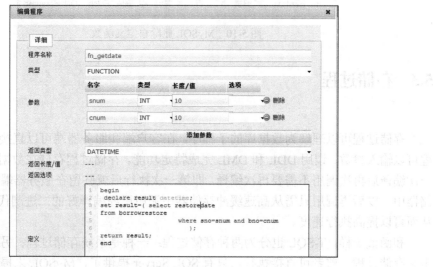

图 5-8　MySQL 修改自定义函数

2. 删除自定义函数

（1）代码操作（通用）

与删除数据库、表一样，仍然使用 drop 语句删除自定义函数，其语法格式为

drop function 函数名

【例 5-44】删除自定义函数 fn_getdate。

```
drop function fn_getdate;
```

（2）鼠标操作（SQL Server）

以例 5-44 为例，进入 SSMS 主界面，如图 5-9 所示，选择 bookmanage，单击"+"按钮展开，选择"可编程性"，单击"+"按钮展开，选择"函数"，单击"+"按钮展开，选择"标量值函数"，单击"+"按钮展开，右击 fn_getdate，选择快捷菜单中的"删除"命令。

（3）鼠标操作（MySQL）

以例 5-44 为例，进入 phpMyAdmin 主界面，单击 bookmanage，在右边窗口的上方找到"程序"并单击，找到 fn_getdate 行，单击"删除"按钮，如图 5-10 所示，在弹出的对话框中单击"确定"按钮。

图 5-9　SQL Server 删除自定义函数

图 5-10   MySQL 删除自定义函数

5.3 存储过程

　　存储过程可以理解为数据库的子程序，在客户端和服务器端可以直接调用。存储过程可以输入参数、调用 DDL 和 DML 完成特定功能。存储过程存储在数据库中，经过第一次编译后再次调用不需要再次编译，即第一次执行后就驻留在服务器端的高速缓冲存储器中，以后再调用只需从高速缓冲存储器中调用已经编译好的二进制代码执行即可，从而可以提高执行速度。

　　和函数一样，T-SQL 也分为两种存储过程：一种是系统存储过程；另一种是用户自定义存储过程。前者可直接执行，只有 SQL Server 提供了，MySQL 未提供；后者需先创建再执行，SQL Server 和 MySQL 两者都支持。

微课：系统存储
过程

5.3.1 系统存储过程

　　系统存储过程是系统预定义的存储过程，用于进行系统管理、登录管理、权限设置、数据库对象管理、数据库复制等操作。这些存储过程主要由系统管理员使用，少部分可通过授权被其他用户调用。它们一般需要从系统表中获取信息，从而为系统管理员进行系统管理提供系统支持。

　　SQL Server 提供了大量丰富的系统存储过程，它们一般存储在系统数据库 master 中，并且以 sp_或 xp_为前缀，如图 5-11 所示。

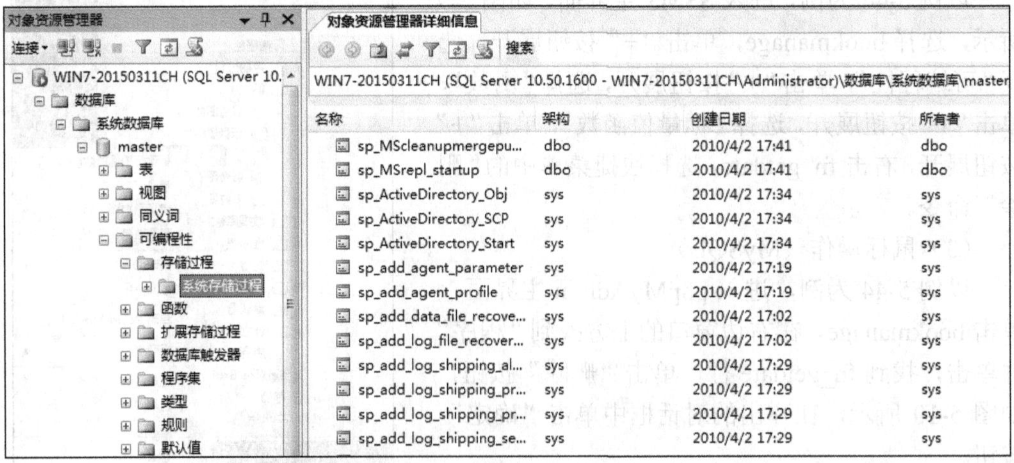

图 5-11   SQL Server 系统存储过程

实际应用编程中，常用的系统存储过程如下。

① sp_helpdb：列出系统中所有数据库的名称、大小等信息。

② sp_helplogins：列出所有的用户信息。

③ sp_spaceused：可查看数据库中数据对象的大小。

④ sp_store_procedures：返回当前数据库中的存储过程清单。

⑤ sp_lock：查看系统中锁的情况。

⑥ sp_helpindex：查看数据库中的索引信息。

⑦ sp_helptext：查看存储过程的定义源代码。

⑧ sp_rename：修改当前数据库中用户对象的名称。

⑨ sp_configure：用于管理服务器配置选项设置。

5.3.2 自定义存储过程

微课：自定义存
储过程

用户自定义存储过程只能创建在当前数据库中，并且建议不要创建
以 sp_ 为前缀的存储过程。SQL Server 和 MySQL 的用户自定义存储过
程的创建在语法上大体相同，但在细节上略微不同。

1. 代码操作（SQL Server）

（1）创建存储过程

在查询编程器中使用 T-SQL 中的 create procedure（可简写 proc）语句可实现用户自
定义存储过程的创建，其语法格式为

create procedure 过程名[;序号]

[参数 1 类型[=默认值][output],…]

as

过程体

说明：序号为可选的整数，当存储过程出现同名现象时，需为同名的存储过程分别
指定不同的序号，以示区别；存储过程参数包括输入参数、输出参数，如果是输出参数，
必须在参数后面指定 output 关键字。

下面通过具体实例介绍 3 种不同形式的存储过程在 SQL Server 中的创建。

① 创建不带任何参数的存储过程。

【例 5-45】以数据库 bookmanage 为例，创建存储过程 pro_student，显示所有学生
的学号、姓名、系别、借书名和借阅时间。

```
use bookmanage
go
create procedure pro_student;1
as
select student.sno 学号,sname 姓名,sdept 系别,bname 书名,borrowdate 借
阅时间
from student,book,borrowrestore
where student.sno = borrowrestore.sno and book.bno = borrowrestore.bno
go
```

② 创建带普通输入参数的存储过程。

【例 5-46】以数据库 bookmanage 为例，创建存储过程 pro_student，显示指定系别的所有学生的学号、姓名、系别、书号和书名。

```
use bookmanage
go
create procedure pro_student;2
                @dept varchar(10)
as
select student.sno 学号,sname 姓名,sdept 系别,book.bno 书号,bname 书名
from student,book,borrowrestore
where student.sno = borrowrestore.sno and book.bno = borrowrestore.bno
   and sdept=@dept
go
```

> ⚠ 注意：例 5-45 和例 5-46 的存储过程名完全相同，所以必须各自指定整数序号；否则系统报错。当然，也可以取不同的存储过程名，这时序号可省略。

③ 创建带有通配符输入参数的存储过程。

【例 5-47】以数据库 bookmanage 为例，创建存储过程 pro_sage，显示如果在执行时没有给出年龄参数，则将一条消息发送到用户的屏幕上，然后从过程中退出；如果给出了年龄参数，则查询所有大于此年龄学生的学号和姓名。

```
use bookmanage
go
create procedure pro_sage
      @sage smallint = null
as
   if @sage is null
      begin
          print '必须输入一个值'
          return
      end
   else
      begin
          select sno 学号, sname 姓名
          from student
          where sage > @sage
      end
go
```

④ 创建带有输入/输出参数的存储过程。

【例 5-48】以数据库 bookmanage 为例，输入图书书号，查询该书的书名。

```
use bookmanage
go
create procedure pro_find
```

```
                    @sid char(10),@snum varchar(20) output
    as
        select @snum = bname
        from book
        where bno = @sid
    go
```

（2）执行存储过程

SQL Server 中使用 execute（可简写 exec）语句执行存储过程，其语法格式为

　　　exec 过程名[;序号]参数名[=]实参值

【例 5-49】下面的语句分别执行例 5-45～例 5-47 创建的存储过程。

```
    exec pro_student;1
    exec pro_student;2 @dept = '计算机'
    exec pro_sage @sage = 18
```

【例 5-50】下面语句执行例 5-48 创建的存储过程。

```
    declare @bookname varchar(20);
    exec pro_find @sid = 'b01',@snum = @bookname output
    print @bookname
```

2. 代码操作（MySQL）

（1）创建存储过程

MySQL 的自定义存储过程的语法格式为

　　　create procedure 过程名（[[in | out | inout] <参数名> <类型> [,...]]）
　　　过程体

说明：与 SQL Server 不同的是，MySQL 的存储过程名后一定要加括号()。

下面仍然通过具体实例来介绍 MySQL 的两种形式的自定义存储过程。

① 创建不带任何参数的存储过程。

【例 5-51】修改例 5-45 为 MySQL 代码。

```
    delimiter //
    create procedure pro_student()
    begin
    select student.sno 学号,sname 姓名,sdept 系别,bname 书名,borrowdate 借阅
        时间
    from student,book,borrowrestore
    where student.sno = borrowrestore.sno and book.bno=borrowrestore.bno;
    end
    //
    delimiter ;//
```

② 创建带有输入/输出参数的存储过程

【例 5-52】修改例 5-48 为 MySQL 代码。

```
    delimiter //
    create procedure pro_find(in sid char(10), out snum varchar(20))
    begin
```

```
    select snum = bname
    from book
    where bno=sid;
end
//
delimiter ;//
```

（2）执行存储过程

与 SQL Server 不同的是，MySQL 中调用存储过程用的是 call 命令，其语法格式为

  call 过程名(参数列表);

【例 5-53】执行 5-51 的存储过程。

```
call pro_student();
```

【例 5-54】执行 5-52 的存储过程。

```
call pro_find('b01',@bookname);
select @bookname;
```

微课：存储过程
的修改和删除

5.3.3　存储过程的修改和删除

与自定义函数的修改方法一样，自定义存储过程的修改也是用 alter procedure 来实现的，其修改语法格式和创建时的完全一样，这里不再赘述。下面介绍存储修改的鼠标操作过程。

1．修改存储过程

（1）鼠标操作（SQL Server）

【例 5-55】将例 5-45 的存储过程修改为姓名、书名和借阅时间。

进入 SSMS 主界面，选择 bookmanage，单击"+"按钮展开，选择"可编程性"，单击"+"按钮展开，选择"存储过程"，单击"+"按钮展开，右击 pro_student，选择快捷菜单中的"修改"命令，按图 5-12 所示修改，单击"!"按钮执行。

```
SQLQuery16.sql -...dministrator (56))*  ×
USE [bookmanage]
GO
/****** Object:  StoredProcedure [dbo].[pro_student]    Script Date: 2019/9
SET ANSI_NULLS ON
GO
SET QUOTED_IDENTIFIER ON
GO
ALTER procedure [dbo].[pro_student]
as
select sname 姓名,bname 书名,borrowdate 借阅时间
from student,book,borrowrestore
where student.sno=borrowrestore.sno and book.bno=borrowrestore.bno
```

图 5-12　SQL Server 修改存储过程

（2）鼠标操作（MySQL）

以例 5-45 为例，进入 phpMyAdmin 主界面，选择 bookmanage，在右边窗口的上方找到"程序"并单击，找到 pro_student 行，单击"编辑"按钮，按图 5-13 所示修改，单击"执行"按钮。

图 5-13 MySQL 修改存储过程

2. 删除存储过程

（1）代码操作（通用）

存储过程的删除仍然使用 drop 语句，其语法格式为

    drop procedure 存储过程名;

【例 5-56】删除存储过程 pro_student。

```
drop procedure pro_student;
```

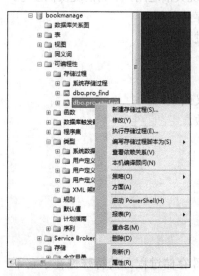

图 5-14 SQL Server 删除存储过程

（2）鼠标操作（SQL Server）

以例 5-56 为例，进入 SSMS 主界面，选择 bookmanage，单击"+"按钮展开，选择"可编程性"，单击"+"按钮展开，选择"存储过程"，单击"+"按钮展开，右击 dbo.pro_student，选择快捷菜单中的"删除"命令，如图 5-14 所示。

（3）鼠标操作（MySQL）

以例 5-56 为例，进入 phpMyAdmin 主界面，选择 bookmanage，在右边窗口的上方找到"程序"并单击，找到 pro_student 行，单击"删除"按钮，如图 5-15 所示。

图 5-15 MySQL 删除存储过程

微课：存储过程
与函数

5.3.4 存储过程与函数

存储过程和用户自定义函数都有类似的功能，其目的都是为了捆绑一组 SQL 语句，并存储在服务器中供反复使用，以提高工作效率。它们本质上并没有区别，但两者之间还是有一些细微但很重要的差异，为帮助读者区分，这里列举 SQL Server 的存储过程与函数之间的差异，如表 5-7 所示，MySQL 的存储过程与函数的差异读者可自行参考相关资料。

表 5-7   SQL Server 存储过程与函数的差异

不同点	存储过程	用户自定义函数
声明方式	关键字 procedure	关键字 function
返回类型	不需要描述返回类型	必须描述返回类型且必须有一个 return 语句
返回值	可没有返回值	必须有返回值
返回值	可返回多个值，但不能返回表	只能返回一个值，可返回表
返回值	可以返回参数	不可返回参数
参数	可有输入和输出参数	只有输入参数
调用方式	必须用 execute 单独调用	不能单独调用
调用方式	不能赋值一个变量	可以赋值一个变量
调用方式	SQL 语句中不可用存储过程	当函数返回标量值时，可作为 select 语句的一部分
调用方式	SQL 语句中不可用存储过程	当函数返回表值时，可位于 from 关键字后面
DML 操作	可作插入、修改、删除表操作	不可作插入、修改、删除表操作
限制	限制较少	限制较多，如不能用临时表等

如何选择存储过程与自定义函数，用户应根据实际情况灵活运用，下列情况仅供参考。

① 处理复杂功能或进行多表连接查询时，应选择存储过程。

② 对表作插入、修改、删除操作时，应选择存储过程。

③ 返回多个值时，应选择存储过程。

④ 独立调用时，应选择存储过程。

⑤ 处理简单功能或进行单表查询时，应选择自定义函数。

⑥ 当结果需赋值给一个变量时，应选择自定义函数。

⑦ 在 SQL 语句中使用时，应选择自定义函数。

⑧ 返回一个表时，应选择自定义函数。

5.4   触发器

触发器（trigger）是用户定义在关系表上的一种特殊存储过程。其特殊性在于它不需要由用户调用执行，而是当用户对表中的数据进行 insert、update 或 delete 操作时自动触发执行。触发器通常用于保证业务规则和数据完整性约束。与完整性约束相比，触发器可以进行更为复杂的检查和操作，具有更精细和更强大的数据控制能力。

大多数 DBMS 都支持触发器，其功能主要包括以下几项。

① 触发器可以通过级联的方式对相关表进行修改。通过级联引用完整性约束可以更有效地执行这些修改。例如，某个表上的触发器中包含对另一个表的数据修改，从而保证数据的一致性和完整性。

② 触发器可以检查 SQL 所做的操作是否被允许，从而不允许数据库中未经许可的特定更新和变化。

③ 触发器可以评估数据修改前后的表状态，并根据其差异采取对策。一个表中的多个同类触发器允许采取多个不同的对策以响应同一个修改语句。

触发器也称为 event-condition-action 规则（简称 ECA 规则），这是由于一个触发器由以下 3 部分组成。

① 事件（event）。所允许事件种类通常是对数据库的插入、修改和删除等操作。触发器在这些事件发生时将自动开始运作。

② 条件（condition）。触发器测试条件是否成立，如果条件成立，就执行相应的动作；否则什么也不做。

③ 动作（action）。当触发器满足测试条件时，就由 DBMS 自动执行这些动作。实际上，动作可以是任何数据库操作序列，包括与触发事件毫无并联的操作。

5.4.1 触发器的工作原理

一般将触发器所依附的基本表称为触发器表。当在触发器表上发生插入、修改和删除操作时，DBMS 会自动生成两个特殊的临时表。在不同的 DBMS 中其名称不一样，如在 SQL Server 中，这两个特殊的表分别称为 inserted 表和 deleted 表，在 MySQL 中却被称为 new 表和 old 表。

微课：触发器的工作原理

这两个表的结构与触发器表结构相同，而且只能由创建它们的触发器引用。触发器会对这两张表进行检查，检查数据更新的影响，为触发器动作设置条件，不能直接修改这两张表的数据。

① insert 操作。当向触发器表中插入元组时，新插入的元组会被插入到 inserted 表（SQL Server）或 new 表（MySQL）和触发表中，如图 5-16（a）所示。

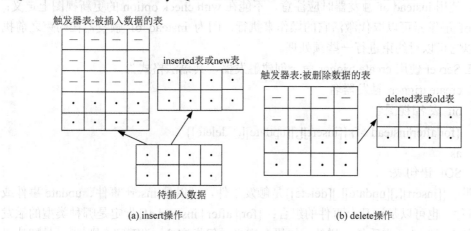

图 5-16 触发器涉及的表

② delete 操作。当从触发器表中删除某元组时，该元组将被移入 deleted 表（SQL Server）或 old 表（MySQL）中，如图 5-10（b）所示。

③ update 操作。进行 update 操作相当于先执行 delete 操作，删除需要修改的元组，再执行 insert 操作，插入修改之后的元组，因此 update 操作要用到 inserted 和 deleted 或 new 和 old 两个表。

由此可见，inserted 表和 deleted 表或 new 表和 old 表中没有相同的数据行，一旦触发器完成任务，这两个临时表将自动被 DBMS 删除。

5.4.2　触发器的创建

微课：触发器
的创建

1. 代码操作（SQL Server）

在 SQL Server 中，根据激活触发器执行 T-SQL 语句类型的不同，可以把触发器分为两类：一类是 DML 触发器；另一类是 DDL 触发器。

（1）DML 触发器

DML 触发器是当数据库服务器中发生数据操纵语言 DML 事件时执行的存储过程。DML 事件包括在指定基本表或视图中修改数据的 insert 语句、update 语句或 delete 语句。根据定义和应用范围条件、触发时机不同，可以把 DML 触发器划分为以下两种类型。

1）after 触发器。

after 触发器要求只有在执行 insert 语句、update 语句或 delete 语句操作之后，触发器才被激活，且只能在表上定义。可为同一个表定义多个触发器，也可以为针对表的同一操作定义多个触发器。使用 after 触发器时应注意，不能在视图上定义 after 触发器；如果一个 insert 语句、update 语句或 delete 语句违反了约束，那么 after 触发器不会执行。

2）instead of 触发器。

使用 instead of 触发器可以代替通常的触发动作，instead of 触发器执行时并不执行 insert 语句、update 语句或 delete 语句，仅执行触发器本身的 SQL 语句。instead of 触发器可以定义在表上，也可以定义在视图上，但对于同一个操作，只能定义一个 instead of 触发器。使用 instead of 触发器时应注意，不能在 with check option 的更新视图上定义；instead of 触发器可以取代激活它的操作来执行，因为 instead of 触发器在约束之前执行，所以它可以对约束进行一些预处理。

SQL Server 使用 create trigger 命令创建触发器，其语法格式为

```
create trigger  触发器名
on  表名|视图名
{for|after|instead of} {[insert][,][update][,][delete]}
as
SQL 语句块;
```

说明：{[insert][,][update][,][delete]}是触发事件，可以是 insert 事件、update 事件或 delete 事件，也可以是这几个事件的组合；{for | after | instead of}指定是哪种类型的触发器，其中 for 和 after 本质上是一样的，如果在定义时仅指定 for 关键字，则 after 是默认设

置；SQL 语句块包含触发条件和动作。

下面通过几个具体例子实现创建不同类型的触发器。

① 创建 after 触发器。

【例 5-57】以数据库 bookmanage 为例，创建触发器实现删除学生的同时借阅信息也一起删除。

```
use bookmanage
go
create trigger tgr_delstu
on student
after delete
as
delete from borrowrestore
where sno = (select sno from deleted)
```

【例 5-58】以数据库 bookmanage 为例，创建触发器实现借还书时图书库存量自动更新。

```
use bookmanage
go
create trigger tgr_count
on borrowrestore
after insert,update
as
update book
set number = number-1
where bno = (select bno from inserted)
update book
set number = number+2
where bno = (select bno from deleted)
go
```

【例 5-59】以数据库 bookmanage 为例，创建触发器实现还书时自动计算罚款。罚款计算方法是超过 1 个月，按每天 0.5 元计算。

```
use bookmanage
go
create trigger tgr_fine
on borrowrestore
after update
as
begin
  update borrowrestore
  set fine = (datediff(day,(select borrowdate from deleted), (select
    restoredate from inserted))-30)*0.5
  where sno = (select sno from inserted) and bno = (select bno from
    inserted)
end
go
```

【**例 5-60**】以数据库 bookmanage 为例，创建触发器实现借阅表中书号修改时，检查修改后的书号是否存在，如果不存在则撤销所做的修改。

```
use bookmanage
go
create trigger tgr_updateborrowrestore
on borrowrestore
after update
as
if not exists(select * from book
            where bno = (select bno from inserted))
    begin
            print '不存在此书号'
            rollback
    cnd
go
```

> ⚠️ 注意：rollback 表示中止事件操作，并回退到操作之前的状态，也就是撤销操作，仅 SQL Server 支持。

② 创建 instead of 触发器。

【**例 5-61**】以数据库 bookmanage 为例，创建触发器实现禁止删除计算机系的学生。

```
use bookmanage
go
create trigger tgr_notdel
on student
instead of delete
as
if (select sdept from deleted) = '计算机'
                print '计算机系的学生不能删除'
else
delete from student where sno = (select sno from deleted)
go
```

> ⚠️ 注意：instead of 并不执行 delete 语句，因此检测到不是计算机系学生时，应通过 SQL 语句手动删除。

（2）DDL 触发器

DDL 触发器是在响应数据定义语言 DDL 事件时执行的存储过程。这些语句是以 create、alter 和 drop 开关的语句。DDL 触发器一般用于执行数据库中的管理任务，如防止数据库表结构被修改等。在以下几种情况时可以使用 DDL 触发器。

① 要防止对数据库架构进行某些更改。

② 希望根据数据库中发生的操作响应数据库架构中的更改。

③ 要记录数据库架构中的更改或事件。

仅在运行激活 DDL 触发器的 DDL 语句后，DDL 触发器才会被激活，DDL 触发器不能作为 instead of 触发器使用。

DDL 触发器只允许 after 类型触发器，不允许 instead of 类型触发器，其语法格式为

```
create trigger  触发器名
on database
{for | after} {[create_table][,][alter_table] [,][drop_table][,][create_index][,]
                    [alter_index][,] [drop _index]}
as
SQL  语句块
```

【例 5-62】以数据库 bookmanage 为例，创建触发器实现禁止修改和删除 bookmanage 数据库中的表。

```
use bookmanage
go
create trigger tgr_ddl
on database
for drop_table,alter_table
as
print '禁止修改和删除表'
rollback
go
```

2. 代码操作（MySQL）

相较于 SQL Server，目前的 MySQL 中触发器仅支持 DML 而并不支持 DDL，因此 MySQL 的触发器仅提供了一种创建方式，其语法格式为

```
create trigger  触发器名
after/before insert | update | delete
on  表名  for each row
begin
SQL  语句块
end;
```

说明：这里的 after 和 SQL Server 的 after 是一样的；before 和 instead of 虽然都能实现一定程度的预检测、预处理，但 before 和 instead of 还是有着本质上的区别。before 是指在 insert | update | delete 之前做 SQL 语句块，做完后仍然要继续完成 insert | update | delete；而 instead of 是从头到尾完全不做 insert | update | delete。

（1）创建 after 触发器

【例 5-63】修改例 5-57 为 MySQL 代码。

```
delimiter //
create trigger tgr_delstu
after delete
```

```
on student for each row
begin
delete from borrowrestore
where sno = old.sno;
end
//
delimiter ;//
```

【例 5-64】修改例 5-58 为 MySQL 代码。

```
delimiter //
create trigger tgr_count1
after insert
on book for each row
begin
update book
set number = number-1
where bno = news.bno;
end
//
delimiter ;//
-------------------
delimiter //
create trigger tgr_count2
after update
on book for each row
begin
update book
set number = number+1
where bno = old.bno;
end
//
delimiter ;//
```

⚠ 注意：与 SQL Server 不同的是，MySQL 触发器不支持将 insert | update | delete 写在同一个触发器里，在需要时只能分开创建多个不同名称的触发器。

（2）创建 before 触发器

【例 5-65】以数据库 bookmanage 为例，当 book 库存量超过上限 10 时，自动修改为 10。

```
delimiter //
create trigger tgr_top
before update
on book for each row
begin
if new.number > 10 then
    set new.number = 10;
```

```
end if;
end
//
delimiter ;//
```

 注意：before 触发器会在增加、删除、修改执行前先做 SQL 语句块，这样就可以起到提前检测干预的作用，如例 5-65。

【例 5-66】修改例 5-61 为 MySQL 代码。

```
delimiter //
create trigger tgr_notdel
before delete
on student for each row
begin
declare msg char(100);
set msg = "计算机系的学生不能删除";
if old.sdept = '计算机' then
    signal sqlstate 'HY000' set message_text = msg;
end if;
end
//
delimiter ;//
```

 注意：MySQL 没有提供 rollback 回滚机制，所以例 5-66 无法用 after 先删除再撤销的方法，只能采用 before 触发器，在 delete 前先检查是否是计算机系学生，如果是则不能删除。但是与 instead of 不同，before 即使发现是计算机系学生，仍会执行 delete 删除命令，所以这里需要抛出一个 MySQL 自带的'HY000'异常来终止触发器的执行，以达到不执行增、删、改操作的目的。

5.4.3　触发器的修改和删除

1. 修改触发器

与函数、存储过程一样，触发器的修改用的也是 alter trigger...，其语法格式和 create trigger 完全一样，这里不再重复，仅简单介绍鼠标操作修改触发器。

（1）鼠标操作（SQL Server）

【例 5-67】将例 5-57 修改为图书删除的同时借阅信息也删除。

进入 SSMS 主界面，选择 bookmanage，单击"+"按钮展开，选择"表"，单击"+"按钮展开，选择 student，单击"+"按钮展开，选择"触发器"，单击"+"按钮展开，右击 tgr_delstu，在弹出的快捷菜单中选择"修改"命令，按图 5-17 所示修改，单击"!"按钮执行。

微课：触发器的
修改和删除

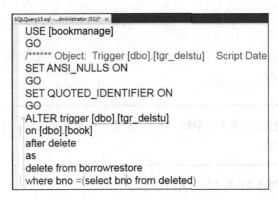

图 5-17　SQL Server 修改触发器

（2）鼠标操作（MySQL）

以例 5-67 为例，进入 phpMyAdmin 主界面，选择 bookmanage，在右边窗口上方找到"触发器"并单击，找到 tgr_delstu 行，单击"编辑"按钮，按图 5-18 所示修改，单击"执行"按钮。

图 5-18　MySQL 修改触发器

2. 删除触发器

（1）代码操作（通用）

T-SQL 中使用 drop trigger 来实现触发器的删除，其语法格式为

　　drop trigger 触发器名

【例 5-68】删除 tgr_delstu 触发器。

```
drop trigger tgr_delstu
```

（2）鼠标操作（SQL Server）

以例 5-68 为例，进入 SSMS 主界面，选择 bookmanage，单击"+"按钮展开，选择

"表"，单击"+"按钮展开，选择 student，单击"+"按钮展开，选择"触发器"，单击"+"按钮展开，右击 tgr_delstu，选择快捷菜单中的"删除"命令，如图 5-19 所示。

图 5-19　SQL Server 删除触发器

（3）鼠标操作（MySQL）

以例 5-68 为例，进入 phpMyAdmin 主界面，选择 bookmanage，在右边窗口上方找到"触发器"并单击，找到 tgr_delstu 行，单击"删除"按钮，如图 5-20 所示。

图 5-20　MySQL 删除触发器

本章小结

本章主要介绍了 T-SQL 中的变量、运算符和表达式、if 语句、函数、存储过程、触发器等知识，并在 MySQL 和 SQL Server 中进行了实现，为后续章节打下了基础。

习题

一、选择题

1. 修改存储过程使用的语句是（　　　）。

    A. alter procedure   B. drop procedure

    C. insert procedure   D. delete procedure

2. 创建存储过程的语句是（　　　　）。

    A. alter procedure   B. drop procedure

    C. create procedure   D. insert procedure

3. 下面选项中，（　　　）组命令将变量 count 值赋值为 1。

    A. declare @count   B. dim count=1

        select @count=1

    C. declare count   D. dim @count

        select count=1   select @count=1

4. 在 SQL Server 中删除存储过程用（　　　　）。

    A. rollback   B. drop proc

    C. delallocate   D. delete proc

5. 在 SQL Server 编程中，可使用（　　　）将多个语句捆绑。

    A. { }   B. begin-end   C. ( )   D. [ ]

二、填空题

1. 在 T-SQL 编程语句中，while 结构可以根据条件多次重复执行一条语句或一个语句块，还可以使用_____和 continue 关键字在循环内部控制 while 循环中语句的执行。

2. 存储过程是存放在_____上的预先定义并编译好的 T-SQL 语句。

3. 触发器分为_____和_____两类。

三、简答题

1. T-SQL 提供了哪几种用户自定义函数？

2. 存储过程和触发器有什么区别？

上机实训

参照第 3 章上机实训数据表（表 3-20），在 SQL Server 或 MySQL 中编写下列代码。

① 用自定义函数实现输入课程名，并返回该课程的所有信息。

② 请为学生查询成绩创建一个存储过程，并执行该存储过程。

③ 为学生增加"学分"字段，设计一个触发器用于自动统计学生总学分，并编写相应的 SQL 代码检测是否激活触发器。

④ 设计一个触发器用以实现输入成绩时，超过 100 分时自动修改为 100 分。

⑤ 设计一个触发器用以实现当一个学生退学了，那么他的选课信息应该一并删除。

第6章 C/S开发——桌面图书管理系统

前面已全面介绍了数据库相关理论知识，但这些都需要专业的 DBA 来操作；在实际生活中，往往会开发成数据库应用系统，供广大的非专业用户使用。这里选用图书管理系统作为实践篇案例，这是一款图书馆中常见的信息化软件，可以帮助管理员和借阅者轻松完成管理、登记、查找图书等操作。同时，为了让读者快速掌握数据库应用系统的 C/S 和 B/S 两种架构，本书分别以 SQL Server+Java 和 PHP+MySQL 两种经典搭配开发出两种形式的图书管理系统。

6.1 需求分析

图书管理系统是为了更好地帮助图书管理员高效地管理借阅者（这里特指学生）和图书的相关信息而开发的数据库管理软件，对于学校图书馆是不可缺少的重要部分。学生可通过该系统查阅与自己相关的信息，包括个人基本信息、借阅信息，甚至还可以直接进行修改密码、归还图书等操作；管理员也可通过该系统维护学生和图书的基本信息、登记借阅信息等。由此可见，一个图书管理系统应该具备三大基本功能，即学生信息管理、图书信息管理和借阅信息管理。

6.1.1 功能结构图

图书管理系统的用户主要有两个，即管理员和学生，针对不同用户，其需求和使用权限也不尽相同。因此，该系统应满足两方面的功能需求：一方面，管理员作为系统中权限最高者，需要对全部数据进行维护操作，包括所有数据的增加、删除、查看、修改；另一方面，学生作为查询者只能对数据实体进行查询操作。系统如何准确知道当前用户是哪位，则需要采用系统登录功能来进行角色判断，也就是说，系统需分角色登录。图 6-1 分别列出了管理员和学生的主要功能模块。

微课：功能
结构图

1. 管理员

① 学生信息管理：管理员对学生的基本信息进行增加、删除、修改等操作。
② 图书信息管理：管理员可以增加、删除、修改、查看图书信息。
③ 借阅信息管理：管理员可以增加、删除、修改、查看借阅图书信息。

2. 学生

① 个人信息管理：主要用于学生查看、修改个人信息。

② 图书信息查找：主要用于学生查找想要借阅的图书。

③ 借阅信息查看：主要用于学生查看个人的历史借阅信息。

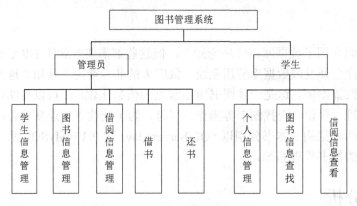

图 6-1　图书管理系统功能框图

6.1.2　数据流图

微课：数据流图

数据流图（data flow diagram，DFD）是结构化系统分析方法中使用的工具，它以图形的方式描绘数据在系统中流动和处理的过程，由于只反映系统必须完成的逻辑功能，所以它是一种功能模型。

数据流图的主要元素有数据流、数据源（终点）、对数据的加工（处理）和数据存储。它既可以表达数据在系统内部的逻辑流向及存储，又可以表达系统的逻辑功能和数据的逻辑变换。数据流图有两种典型结构：一是变换型结构，它所描述的工作可以表示为输入、主处理和输出，呈线性状态；另一种是事务型结构，这种数据流图呈束状，即一束数据流平行流入或流出，可能同时有几个事务要求处理。图 6-2 所示为以事务型数据流图展示的图书管理系统中相关数据的走向。

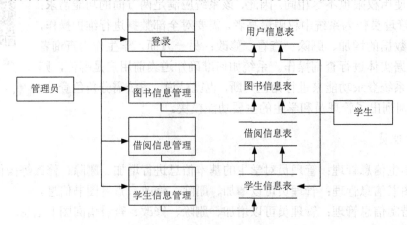

图 6-2　系统数据流图

6.1.3　数据表

微课：数据表

从数据流图（图 6-2）中可以看出，图书管理系统主要涉及 4 张基本的数据表，即用户信息表、学生信息表、图书信息表和借阅信息表。其中除用户信息表外，其他表在前面章节已详细描述，这里不再赘述，下面重点介绍用户信息表。

用户信息表（tb_users）主要用于存储用户（包括管理员和学生）登录系统时的用户名和密码，其 E-R 图如图 6-3 所示。

图 6-3　用户信息表的 E-R 图

通过 E-R 图转换后的关系模式和表结构（表 6-1）如下。

用户（编号，用户名，密码，角色标识）

表 6-1　用户表的表结构

项目名	列名	数据类型	可空	说明
编号	id	char(9)	×	主键，自动递增
用户名	username	varchar(20)	×	
密码	password	varchar(20)	×	
角色标识	flag	tinyint	×	管理员：0；学生：1

⚠ 注意：用户表和学生表，两者既有联系又有区别。对于同一个借阅者应该同时拥有这两个表的信息，但用户表是登录系统时用的，而学生表是借书、还书时用的，是完全不同的，注意区别。

6.2　数据库操作

微课：数据库
操作

经过前面 5 章的数据库操作，bookmanage 数据库里已经拥有图书管理系统的学生信息表、图书信息表和借阅信息表的相关信息，同时还包括图书管理系统所涉及的视图、存储过程和触发器等相关操作，这里不再赘述。现在只需在 bookmanage 数据库中新增一张用户表并插入数据，为后面登录功能的开发作准备。本章采用的是 SQL Server+Java 开发 C/S 架构的"图书管理系统"，所以这里的数据库可直接采用 SQL Server 2017 的 SSMS 工具操作，如图 6-4 所示。

DESKTOP-4I9AKP3...e - dbo.tb_users			
id	username	password	flag
1	yjy	123456	1
2	1640	123456	0
3	admin	admin	1
4	1001	123	0
▶ 5	zj	zj123	1
* NULL	NULL	NULL	NULL

图 6-4　SQL Server 中的 tb_users

6.3　走进 Java

数据库准备完成后，接下来就是数据库应用系统开发中的界面设计阶段。界面设计的语言很多，如 C#、Visual C++、Java 等，这里重点介绍行业内较流行的 Java 语言的界面设计过程。

Java 是由 Sun Microsystems 公司（已被甲骨文公司收购）开发的一种应用于分布式网络环境的程序设计语言，具有跨平台的特性，它编译的程序能够运行在多种操作系统平台上，可以实现"一次编写，到处运行"。图 6-5 形象地描述了 Java 的工作原理。

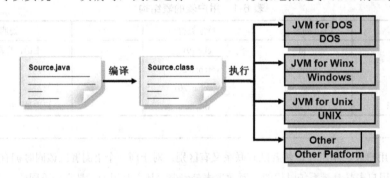

图 6-5　Java 工作原理

当编辑并运行一个 Java 程序时，需要同时涉及 4 个方面：使用文字编辑软件（如记事本、写字板、UltraEdit 等）或集成开发环境（Eclipse、MyEclipse 等）编写 Java 源文件（.java）；编译生成后缀为".class"的文件，该文件以字节码（bytecode）的方式进行编码；然后再通过运行与操作系统平台环境相对应的 Java 虚拟机来运行 class 文件，执行编译产生的字节码；调用 class 文件中实现的方法来满足程序的 Java API 调用。

6.3.1　JDK 的安装与配置

微课：JDK 的
安装与配置

学习一门语言之前，首先要把相应的开发环境搭建好。要编译和执行 Java 程序，Java 开发包（java SE development kit，JDK）是必需的，最新的 JDK 是 12.0 版本。安装 JDK 需要经过 3 个步骤。

1. JDK 下载及安装

JDK 官方下载地址为 http://www.oracle.com/technetwork/java/javase/downloads/jdk8-downloads-2133151.html。进入网站后，选择 Accept License Agreement，根据系统选择对应的安装文件。

下载后，双击运行安装文件 jdk-12.0.2_windows-x64_bin.exe，依次单击"下一步"按钮即可完成安装。安装完成后，如图 6-6 所示，在默认安装路径 C:\Program Files\Java 目录下有两个重要的文件夹：一个是 jdk（java development kit），是 Java 的开发工具包，主要包含各种类库和编译运行工具等；另一个是 jre（java runtime environment），是 Java 程序的运行环境，它最核心的内容是 JVM，也就是 Java 虚拟机。

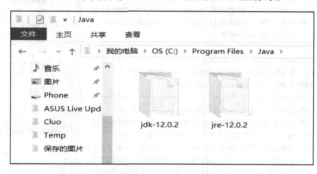

图 6-6　JDK 安装后的文件

2. 环境变量配置

环境变量是指运行某个命令时，本地查找不到某个命令或文件，会到这个环境变量声明的目录中去查找。因此这里 JDK 需配置 3 个环境变量。

（1）配置 JAVA_HOME

JAVA_HOME 变量用于配置 jdk 路径，把 jdk 目录放置到环境变量中，这样每个 Java 文件都可以通过环境变量中设定的 jdk 目录找到编译命令进行编译运行。

单击"开始"菜单，右击"计算机"，选择快捷菜单中的"属性"命令，在弹出的窗口中单击"高级系统设置"→"环境变量"，在"系统变量"下，单击"新建"按钮，按图 6-7 所示在对话框中输入变量名和变量值，单击"确定"按钮完成配置。

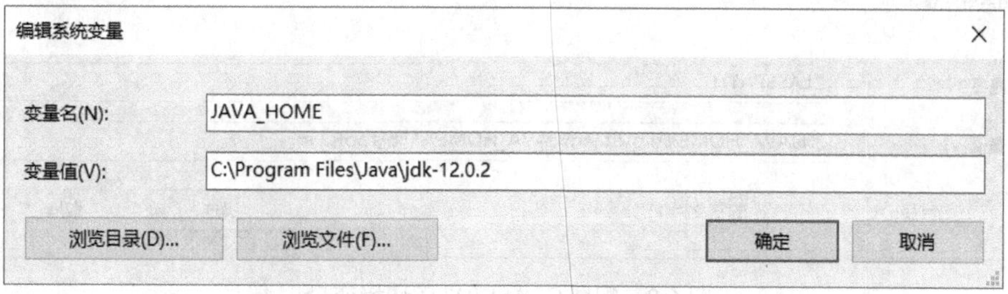

图 6-7　配置 JAVA_HOME 环境变量

（2）配置 Path

Path 变量用于配置需要用到的可执行文件路径，Path 在"系统变量"列表中已经存在，所以只需找到 Path，单击"编辑"按钮，在弹出的对话框中新建%JAVA_HOME%\bin 和%JAVA_HOME%\jre\bin 两个值后，单击"确定"按钮即可完成配置，如图 6-8 所示。

图 6-8　配置 Path 环境变量

（3）配置 CLASSPATH

CLASSPATH 变量用于配置需要用到的库文件路径，和 JAVA_HOME 一样，在"系统变量"下，单击"新建"按钮，在弹出的对话框中输入"变量名"为 CLASSPATH，"变量值"为 ".;%JAVA_HOME%\lib\dt.jar;%JAVA_HOME%\lib\tools.jar;"，如图 6-9 所示，单击"确定"按钮完成配置。

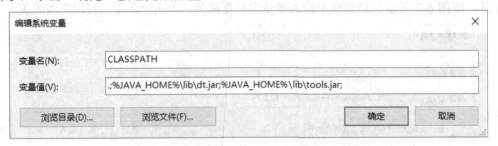

图 6-9　配置 CLASSPATH 环境变量

3. 检查环境变量配置是否成功

按 Windows+R 组合键，输入 CMD 命令，弹出运行 DOS 窗口，在窗口中依次输入下列命令并按 Enter 键：

```
java_version
java
javac
```

若每一个命令都出现相应的提示结果，则说明配置成功。

6.3.2　开发工具 Eclipse 的使用

Eclipse 是编写 Java 程序的可视化软件，功能非常强大，深受广大Java 编程者喜爱。Eclipse 的安装非常简单，在配置好工作环境后，按提示安装即可。下面以显示 "Hello，Welcome to Java!" 为例，介绍如何在 Eclipse 4.5 中编写 Java 类。主要编写步骤如下。

微课：Eclipse
的使用

1. 打开 Eclipse 软件

选择 File→New→Java Project 菜单命令，创建工程，在 Project name 中输入工程名（如 01），然后单击 "Finish" 按钮完成创建，如图 6-10 所示。

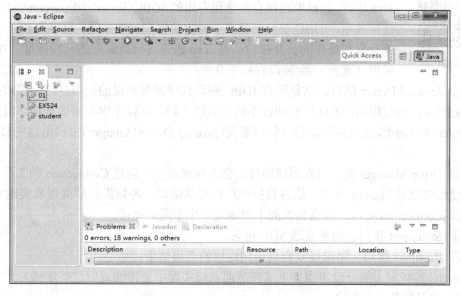

图 6-10　Eclipse 启动、创建工程 01

2. 创建类、编辑源文件、运行

在主窗体中按图 6-11 所示输入代码，单击工具栏中的 ▶ 按钮运行，如代码无误，可以看到运行结果。

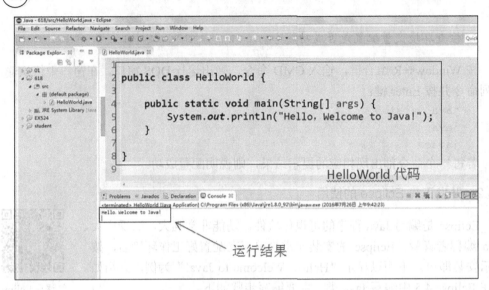

图 6-11　编写和运行 HelloWorld.java

6.3.3　JDBC 应用

微课：JDBC 应用

　　　　数据库和界面设计完成后，还需要进行连接。由于本章选用的是 Java 语言，数据库连接自然选用专用的 JDBC（java database connectivity）连接技术。JDBC 是一个独立于特定数据库管理系统、通用的 SQL 数据库存取和操作的公共接口，是 Java 语言访问数据库的一种标准。JDBC 常用（重要）类/接口有以下几个。

① Java.sql.Driver 接口。这是所有 JDBC 驱动程序需要实现的接口。这个接口是提供给数据库厂商使用的，不同厂商通过不同的方法实现。在程序中不需要直接访问实现了 Driver 接口的类，而是由驱动程序管理器类（java.sql.DriverManager）去调用这些 Driver 实现。

② DriverManager 类。用来创建连接，它本身就是一个创建 Connection 的工厂，设计时使用的就是 Factory 模式，给各数据库厂商提供接口，各数据库厂商需要实现它。

③ Connection 接口。根据提供的不同驱动产生不同的连接。

④ Statement 接口。用来发送 SQL 语句。

⑤ Resultset 接口。用来接收查询语句返回的查询结果。

JDBC 连接应用的一般步骤如下（在后面系统实现中会详细讲解这些步骤）。

① 注册加载一个驱动。

② 创建数据库连接（connection）。

③ 创建 statement，发送 SQL 语句。

④ 执行 SQL 语句。

⑤ 处理 SQL 结果。

⑥ 关闭 statement 和 connection。

6.4 系统实现

桌面图书管理系统由多个窗体组成，其中包括系统不可缺少的登录窗体、系统主窗体、各功能模块的子窗体等。下面介绍几个典型的窗体，其他窗体请读者自行参见本书配套资源。

6.4.1 系统开发环境

开发桌面图书管理系统使用的软件开发环境如下。

① 操作系统：Windows 10。

② 数据库管理系统：SQL Server 2017。

③ 开发工具包：JDK 12.0。

④ 开发工具：Eclipse。

特殊说明如下。

① 字符集：UTF-8。

② SQL 驱动包：sqljdbc42.jar。

微课：系统开发
环境

> ⚠ 注意：字符集（character set）是一个系统支持的所有抽象字符的集合，如果系统中出现多种字符集，如 SQL Server 和 Java 各支持的字符集不一致时，就容易出现乱码，最好的做法就是统一字符集。常见的字符集有 Unicode、GB2312、GBK、UTF-8 等。

6.4.2 系统层次结构

系统层次结构（hierarchy）是指一种系统的组织结构，提供了一种系统各层功能的模型。桌面图书管理系统从根目录文件夹 library_project 开始，各系统文件的层次关系如图 6-12 所示。

微课：系统层次
结构

图 6-12　图书管理系统的层次结构

6.4.3 系统公共类

1. 连接数据库类

微课：系统公共类

任何系统的设计都离不开数据库，每一步操作都需要与数据库建立连接。为了增加代码的重用性，可以将连接数据库的相关代码保存在一个类中，以便随时调用。

创建 GetConnection 类，在该类的构造方法中加载数据库驱动，关键代码如下。

```
private String className = "com.microsoft.sqlserver.jdbc.SQLServerDriver";
//数据库驱动
private String url = "jdbc:sqlserver://localhost:1433;DatabaseName =
    student";
//数据库 URL
public GetConnection(){
        try{
                Class.forName(className);
            }catch(ClassNotFoundException e){
                System.out.println("加载数据库驱动失败！");
                e.printStackTrace();
            }
    }
```

在该类中定义获取数据库连接方法 getCon()，其返回值为 Connection 对象，关键代码如下。

```
public Connection getCon(){
try {
    con=DriverManager.getConnection(url,user,password);
    //获取数据库连接
    } catch (SQLException e) {
    System.out.println("创建数据库连接失败！");
    con = null;
        e.printStackTrace();
    }
    return con;         //返回数据库连接对象
    }
```

在该类中定义关闭数据库连接方法 closed()，代码如下。

```
public void closed(){
    try{
        if(con != null){
            con.close();
        }
    }catch(SQLException e){
        System.out.println("关闭数据库连接失败！");
        e.printStackTrace();
    }
```

2. Session 类

由于本系统的学生主窗体中根据登录的用户名来进行相关操作，为了实现窗体间的通信，可以创建保存用户会话的 Session 类，该类中包含 User 对象的属性，并含有该属性的 setXX() 与 getXX() 方法，关键代码如下。

```java
public class Session {
    private static User user;      //User 对象属性
    public static User getUser() {
        return user;
    }
    public static void setUser( User user) {
      Session.user = user;
    }
}
```

6.4.4　登录模块设计与实现

1. 模块设计与预览

登录模块是系统启动的第一个窗体，用以实现学生和管理员的登录。从图 6-13 所示的效果图可以看出，登录窗体是由一个"用户名"文本框、一个"密码"文本框、一个下拉列表和两个按钮组成。其中，"密码"框采用了 password 样式，显示为"*"；下拉列表有两个值，即管理员和学生。为了使窗体中的各个组件摆放得更加美观，本书还采用了绝对布局方式，并在窗体中添加了背景图案。关于界面设计的具体代码，读者可在配套资源\library_project\src\com\student\main\Enter.java 中查看。

图 6-13　登录窗体效果图

2. 模块实现

下面详细介绍登录模块的实现过程，因篇幅有限，书中仅展示部分关键代码，完整代码请读者自行参考配套资源\library_project\src\com\student\main\Enter.java。

① 实现用户登录的数据表是 tb_users，首先创建与数据表对应的 JavaBean 类 User。该类的属性与数据表字段一一对应，并包含属性的 setXX()与 getXX()方法。

关键代码如下。

```
public class User {
    private int id;              //以定义映射主键 id 的属性 id 为例
    …
    public int getId() {
        return id;
    }
    public void setId(int id) {
        this.id = id;
    }
    …
}
```

> ⚠️ 注意：在定义类属性和数据表字段一一对应时，为了增强程序的可读性，可将属性名与字段名的命名保持一致。例如，上述代码中，tb_users 的主键名为 id，则对应的属性名同样为 id，其他属性也可如此命名。

② 定义类 UserDao。在该类中实现按用户名与密码查询用户方法 getUser()，该方法的返回值为 User 对象；按 id 查询用户方法 selectUserByID()，该方法返回值为 User 对象；修改用户密码方法 updateUser()，该方法返回类型为 void。

关键代码如下。

```
public class UserDao {
//编写按用户名密码查询用户方法
public User getUser(String userName,String passWord,int flag){
 User user = new User();                //创建 JavaBean 对象
 conn = connection.getCon();            //获取数据库连接
 try {
     String sql = "select * from tb_users where userName = ? and passWord
      = ? and flag=?";        // 定义查询预处理语句
     PreparedStatement statement = conn.prepareStatement(sql);
     //实例化对象
     statement.setString(1, userName);              //设置预处理语句参数
     …
     ResultSet rest = statement.executeQuery(); //执行预处理语句
     while(rest.next()){
         user.setId(rest.getInt(1));            //应用查询结果设置对象属性
         …         }
 } catch (SQLException e) {
     e.printStackTrace();
```

```
    }
    return user;                                            //返回查询结果
}
// 按 id 查询用户方法
public User selectUserByID(int id) {
User user = new User();
…
return user;
}
//修改密码方法
public void updateUser(User user) {
conn = connection.getCon();
try {
    String sql = "update tb_users set password = ? where id ="
      +user.getId();
    PreparedStatement statement = conn.prepareStatement(sql);

    statement.setString(1, user.getPassWord());

    statement.executeUpdate();
} catch (SQLException e) {
    e.printStackTrace();
}
}
}
```

③ 在"登录"按钮的单击事件中，调用判断用户是否合法的方法 getUser()。如果用户未输入"用户名""密码"，则给出提示；如果用户输入的"用户名"与"密码"合法，将转至系统主窗体；如果用户输入了错误的"用户名"和"密码"，则给出相应的提示。

关键代码如下。

```
public void actionPerformed(ActionEvent e)
  {
  // 验证用户名、密码 if((usertext.getText()).equals("")&&password.
  getText().equals(""))
    {
    JOptionPane.showMessageDialog(getParent(), "请填写用户名和密码! ",
        "信息提示框", JOptionPane.INFORMATION_MESSAGE);
    return ;
    }
  …
  String choice = comboBox.getSelectedItem().toString();
  //选中的是学生还是教师
  if(choice.equals("学生"))
    {
```

```
user = userDao.getUser(usertext.getText(),password.getText(),0);
    if(user.getId()>0){
      Session.setUser(user);
      new StudentMainFrame();      //跳转至学生主窗体
      Enter.this.dispose();        //销毁当前窗口
  }
  else{
    JOptionPane.showMessageDialog(getParent(), "登录失败！",
          "信息提示框", JOptionPane.INFORMATION_MESSAGE);
    usertext.setText("");
    password.setText("");
  }
}
    …
}
```

④ 为了方便操作，每个窗口均居中显示并固定窗口大小，具体代码如下。

```
this.setLocationRelativeTo(getOwner());        //登录窗口屏幕正中
```

6.4.5 学生主界面设计与实现

1. 模块设计与预览

微课：学生主界
面设计与实现

学生登录系统后，进入学生主窗体。学生主窗体中以菜单形式显示各项功能，每个菜单完成一个或多个子功能模块。学生主窗体可以实现查看基本信息、修改基本信息、修改密码、查看借阅信息等功能。

如图 6-14 所示，窗体中添加菜单栏可以增加窗体灵活性，在菜单项中添加图形可以提升窗体美观。实现菜单关键在于菜单栏、菜单、菜单条的正确添加，下面介绍菜单的实现。

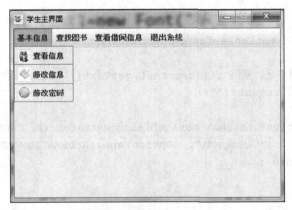

图 6-14　学生主窗体效果图

① 菜单栏 JmenuBar。一个窗体只有一个菜单栏，使用时，要先实例化菜单栏，再将其添加到窗口中。下面的语句实例化菜单栏对象。

```
JMenuBar  menu = new JMenuBar();            //实例化菜单栏
Add(menu);                                  //将菜单栏加入窗体中
```

② 菜单 JMenu 及菜单项 JmenuItem。一个菜单栏允许放多个菜单,每个菜单有多个菜单项,使用时需要先实例化菜单对象、菜单项对象,再把菜单项对象添加到菜单中,以及把菜单对象添加到菜单栏中。

关键代码如下。

```
JMenu info_stu = new JMenu("基本信息");    //实例化菜单
JMenuItem  serch_stu = new JMenuItem("查看信息",new ImageIcon(this.getClass()
        .getResource("/com/student/images/stumanger.png")));
        // 实例化图片、文字菜单项
Info_stu.add(serch_stu);                    // 将菜单项添加至菜单中
```

2. 模块实现

学生主窗体由菜单项触发另外的子窗体来实现。这里仅介绍"查看借阅信息"子窗体的实现,如图 6-15 所示。"查看借阅信息"是指学生可以查看自己的历史借阅信息,包括什么时候借了、还了哪些书,还有哪些书未还等信息。该窗体的界面设计代码可在配套资源\com\library\mainFrame\StudentMainFrame.java 查看,其余窗体查看对应文件名。

图 6-15　"查看借阅信息"窗体效果图

① 实现借阅记录表是 borrowrestore,首先创建与数据表对应的 JavaBean 类 BorrowRestore,该类中的属性与数据表中的字段一一对应,并包含属性的 setXX()与 getXX()方法。

关键代码如下。

```
public class BorrowRestore {
    private  String sno;
    private  String bno;
    private  String  borrowdate;  // 用字符串存时间
    private  String   restoredate;
    private  String   fine;
    public String getSno() {
        return sno;
```

```
        }
        public void setSno(String sno) {
            this.sno = sno;
        }
        …
    }
```

② 定义类 BorrowRestoreDao，该类实现借阅信息的增加、删除、修改及查询。增加借阅信息方法为 insertBorrowRestore()；查询全部学生信息方法为 selectBorrowRestore ()，该方法的返回值为 List 对象等。

关键代码如下。

```
public class BorrowRestoreDao {
    //添加借阅管理信息
    public void insertBorrowRestore(BorrowRestore borrowrestore) {
        conn = connection.getCon();
        try {
            PreparedStatement statement = conn
                .prepareStatement("insert into borrowrestore values
                    (?,?,?,?,?)");
            statement.setString(1,borrowrestore.getSno());
            …
            statement.executeUpdate();
        } catch (SQLException e) {
            e.printStackTrace();
        }
    }
}
```

③ 学生借阅窗体类 SerchBorrowRestoreFrame，主要用表格显示学生的借阅信息，实现时用到 Session.getUser().getUserName()来获取登录学生的学号，再利用 BorrowRestoreDao 类的 selectBorrowRestoreBySno()方法得到学生的借阅信息。完整代码请读者自行查看 \library_project\src\com\library\arch\SerchBorrowRestoreFrame.java。

关键代码如下。

```
public class SerchBorrowRestoreFrame extends JFrame{
public SerchBorrowRestoreFrame(){
    super("学生借阅记录");
    init();
    …
    }
public void init()
{
    setLayout(null);
    …
    user=Session.getUser();
    JButton findButton = new JButton("搜索");
    findButton.addActionListener(new ActionListener() {
```

```
public void actionPerformed(ActionEvent e) {
    model.setRowCount(0);
    String bno = bnoTextField.getText();
    …
});
    }
table = new JTable(model);  //表格
…
List list = borrowrestoreDao.selectBorrowRestoreBySno(user.getUserName());
model.setRowCount(0);
for (int i = 0; i < list.size(); i++) {
    BorrowRestore borrowrestore = (BorrowRestore)list.get(i);
     model.addRow(new Object[] {
            borrowrestore.getSno(),
              borrowrestore.getBno(),
              …
              });
    }
```

6.4.6　管理员主界面设计与实现

1. 模块设计与预览

管理员登录系统后，进入管理员主窗体（图6-16）。为了让读者更加全面地了解Java的界面设计，这里管理员主窗体以另一种快速工具栏的形式来显示各功能按钮，单击"图书管理"按钮时导入图书管理面板，单击"借阅管理"按钮时导入所有借阅信息到管理面板。

如图6-16所示，工具栏（toolbar）是显示位图式按钮行的控制条，可以将系统中频繁使用的功能模块以按钮形式呈现在窗体中，以方便用户快速访问。下面介绍工具栏的实现。

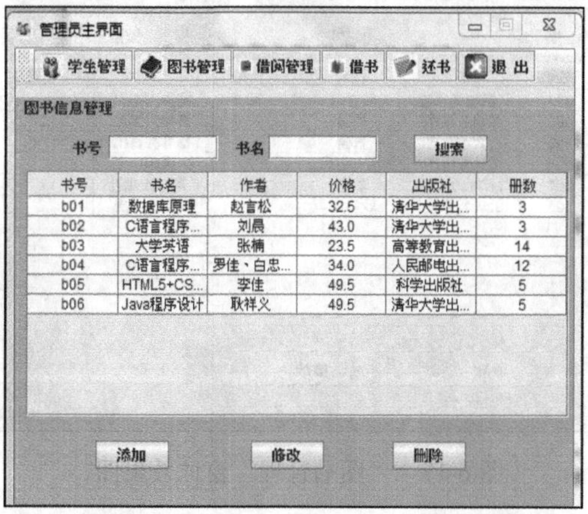

图 6-16　管理员主窗体效果图

在管理员主窗体中添加快速工具栏显示"学生管理""图书管理""借阅管理""借书""还书"，完整代码参见\library_project\src\com\library\mainFame\TeachMainFrame.java。关键代码如下。

```java
public void init()
{
    …
    //工具栏
    menu = new JToolBar();
    //带图形、文字的学生管理按钮
    student_manger_img = new ImageIcon(this.getClass().getResource("/com/
        library/images/stumanger.png"));
    student_manger = new JButton("学生管理",student_manger_img);
    …
    //将按钮添加到工具栏中
    menu.add(student_manger);
    …
}
```

2. 模块实现

管理员主窗体由快速工具栏触发另外的子窗体来实现。这里仅选取部分窗体加以讲解，其余未讲窗体请读者自行参考配套资源的相关源文件。

（1）"图书管理"窗体

在管理员主窗体中单击"图书管理"按钮可将图书信息管理面板导入到当前窗体中，在该面板上可以进行图书数据的添加、删除、修改及查询。

如图 6-17 所示，图书信息管理面板由文本框、表格、按钮组成，默认情况下是把图书数据显示在表格中，代码详见\library_project\src\com\library\Panel\BookPanel.java。

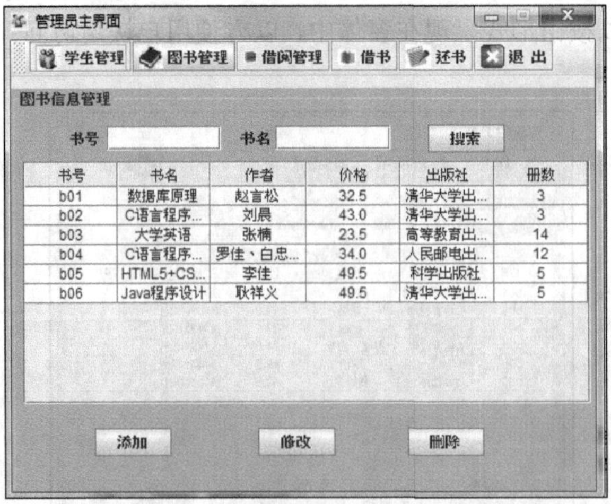

图 6-17　"图书管理"窗体效果图

关键代码如下。

```
public JPanel getMessage()
{
    message = new JPanel();
    …
    JScrollPane scrollPane_2 = new JScrollPane();
    message.add(scrollPane_2);
    List list =stuDao.selectBook();
    model.setRowCount(0);
    for (int i = 0; i < list.size(); i++) {
        Student student = (Student)list.get(i);
            model.addRow(new Object[] { book.getBno(),
                book.getBname(),
                … })
    scrollPane_2.setViewportView(table);
    return message;
    }
}
```

将图书信息管理面板添加到管理主窗体的源代码如下。

```
if(e.getSource() == book_manger){
    AdministratorMainFrame.this.dispose();
    AdministratorMainFrame tframe=new AdministratorMainFrame();
    BookPanel jp=new BookPanel();
    tframe.getContentPane().add(jp.getMessage()); }
```

"图书管理"窗体功能是通过"搜索""添加""修改""删除"4个按钮完成的。

① 在"图书管理"面板的"搜索"按钮的单击事件中，实现判断用户是否填写信息，根据用户填写信息分别进行搜索。

关键代码如下。

```
JButton findButton = new JButton("搜索");
findButton.addActionListener(new ActionListener() {
    public void actionPerformed(ActionEvente) {
            …
        if((!bno.equals(""))&&(bname.equals(""))){
            Book book= bookDao.selectBookByBno(bno);
            model.addRow(new Object[] { book.getBno(),
                            book.getBname(),
                            book.getAuthor(),
                            … })
        }
        …
    }
});
```

② 在"图书管理"面板的"添加"按钮的单击事件中，弹出添加图书信息窗体，该窗体运行结果如图 6-18 所示。

图 6-18　添加图书信息窗体

关键代码如下。

```
insertButton.addActionListener(new ActionListener() {
    public void actionPerformed(ActionEvent e) {
        InsertBookFrame insertbook = new InsertBookFrame();
    insertbook.setVisible(true);
    }
});
```

③ 在"图书管理"面板的"修改"按钮的单击事件中，根据用户选中的数据，弹出修改图书信息窗体，该窗体默认显示已选中的数据。

关键代码如下。

```
JButton updateButton = new JButton("修改");
    updateButton.addActionListener(new ActionListener() {
    public void actionPerformed(ActionEvent e) {
        File file = new File("file.txt");
        try{
            //将字符串学号到 file.txt 文件中
            String bno = model.getValueAt(row, 0).toString();
            file.createNewFile();
            FileWriter out = new FileWriter(file);
            out.write(bno);
                …
            }
    }
});
```

在修改图书数据窗体中，除书号外的图书数据都可以重新输入，可单击该窗体上的"修改"按钮完成数据修改，单击"退出"按钮则退出该窗体。详细源代码请读者参考配套资源\library_project\src\com\library\arch\Update_stu.java。

关键代码如下。

```
updatebook.addActionListener(new ActionListener(){
    public void actionPerformed(ActionEvent e){
        //获取数据
```

```
            book.setBno(bnoText.getText());
                …
            stuDao.updateBook(book);
                …
    }
});
```

④ 在"图书管理"面板的"删除"按钮的单击事件中,可根据选中行删除数据。
关键代码如下。

```
deleteButton.addActionListener(new ActionListener() {
    public void actionPerformed(ActionEvent e) {
        int row = table.getSelectedRow();
        String bno = model.getValueAt(row, 0).toString();
        bookDao.deleteBook(bno);
            …
        }
            });
```

(2)"学生管理"窗体

在管理员主窗体中单击"学生管理"按钮可导入学生管理面板,在该面板中可以根据
学号、姓名查询指定学生的信息,也可以添加、删除、修改学生信息。窗体效果如图 6-19
所示。该模块的设计和实现,以及借阅管理都与图书管理类似,这里不再赘述。

详细源代码请参见配套资源。

学生管理:\library_project\src\com\library\Panel\StudentPanel.java。

借阅管理:\library_project\src\com\library\Panel\BorrowBookPanel.java。

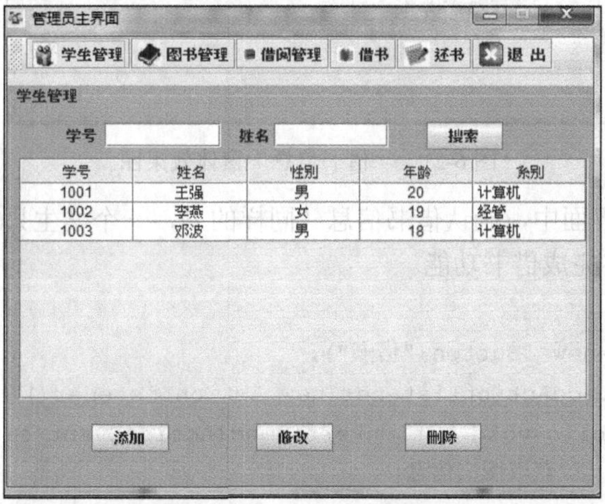

图 6-19　"学生管理"窗体效果图

(3)"借书"窗体

在管理员主窗体中单击"借书"按钮可导入借书面板,所有书籍的信息都显示在该
面板中。在借书前,首先要查找到这本书,可以在借书面板中直接查找,也可以根据书
号、书名搜索该图书,如图 6-20 所示。找到要借的书后,用鼠标选中,单击"借书"

按钮，弹出"借书信息"子窗体，如图 6-21 所示。

图 6-20   "借书"窗体效果图

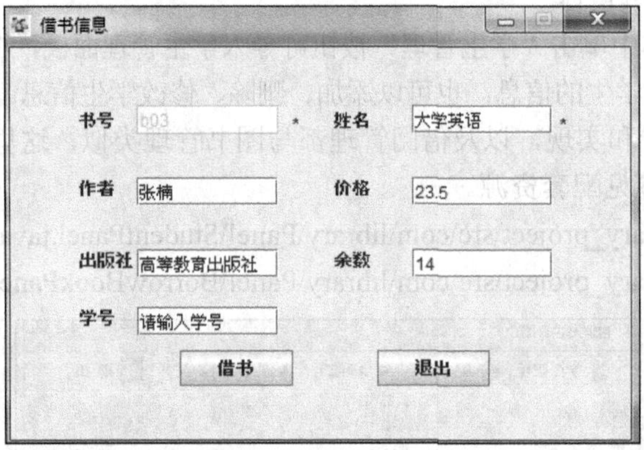

图 6-21   "借书信息"窗体效果图

在图 6-21 所示界面中，确认借书信息（同样的书，一个学生只能借一本），输入学生学号后，才能最终完成借书功能。

关键代码如下。

```
borrowbook=new JButton("借书");
borrowbook.addActionListener(new ActionListener(){
        public void actionPerformed(ActionEvent e){
            //获取图书信息
            book.setBno(bnoText.getText().trim().toString());
            book.setBname(bnameText.getText().trim().toString());
            //借书
            bookDao.borrowBook(book);
            //设置借阅信息
            borrowrestore.setSno(snoText.getText().trim().toString());
            borrowrestore.setBno(bnoText.getText().trim().toString());
```

```
SimpleDateFormat sdf=new SimpleDateFormat("yyyy-MM-dd");
Date newtime=new Date();
borrowrestore.setBorrowdate(sdf.format(newtime));
//向借阅记录中添加借阅记录
borrowrestoreDao.insertBorrowRestore(borrowrestore);
…
        }
    });
```

（4）"还书"窗体

在管理员主窗体中单击"还书"按钮可导入还书面板，所有学生的借阅信息都显示在该面板中。在还书前，首先输入还书学生的学号，查找到该学生的所有借阅信息，如图 6-22 所示，接着找到要还的图书；当然也可以在输入学号的同时输入书号，单击"搜索"按钮可直接找到这本书。找到要还的书后，用鼠标选中，单击"还书"按钮即可成功还书。

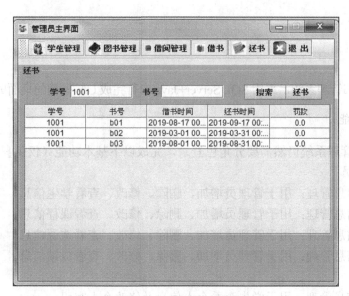

图 6-22　"还书"窗体效果图

关键代码如下。

```
JButton restoreButton = new JButton("还书");
    restoreButton.addActionListener(new ActionListener() {
        public void actionPerformed(ActionEvent e) {
            int row = table.getSelectedRow();
            String sno = model.getValueAt(row,0).toString();
            String bno = model.getValueAt(row,1).toString();
            Book book=bookDao.selectBookByBno(bno);
            //还书
            bookDao.restoreBook(book);
            JOptionPane.showMessageDialog(getParent(),"还书成功！",
```

```
                    "信息提示框", JOptionPane.INFORMATION_MESSAGE);
                    return;
                }
        });
```

本章小结

本章从需求分析到系统实现详细再现了 C/S 架构的图书管理系统的设计和实现的具体过程。其中，需求分析描述了系统功能结构、数据流图以及所涉及的数据表等；系统实现部分重点讲述了如何用 SQL Server 2017、Java 语言、Eclipse 编辑器以及 JDBC 技术设计和实现学生主界面、个人借阅信息查看、管理员主界面、图书管理、借书等功能模块。通过本章的学习，读者可以快速了解使用 SQL Server+Java 实现 C/S 架构的数据库应用系统开发的全过程。

上机实训

请参照图书管理系统，采用 SQL Server+Java 自行完成 C/S 架构的桌面成绩管理系统。

1. 基本功能

桌面成绩管理系统仍然需要分角色登录，完成以下基本功能（仅供参考）。

（1）管理员
- 学生信息管理：用于管理员增加、删除、修改、查看学生信息。
- 课程信息管理：用于管理员增加、删除、修改、查看课程信息。
- 选课信息管理：用于管理员增加、删除、修改、查看选课信息。
- 成绩信息管理：用于管理员增加、删除、修改、查看成绩信息。

（2）学生
- 个人信息管理：用于学生查看个人信息及修改个人密码。
- 个人选课管理：用于学生进行选课，并且查看个人历史选课记录。
- 个人成绩查看：用于学生查看个人所有课程的成绩。

为了使读者更清楚地了解系统的结构，图 6-23 所示为该系统功能结构框图。

2. 窗体说明

桌面成绩管理系统和桌面图书管理系统有部分窗体是完全相同的，如登录、个人信息管理、学生信息管理等；部分窗体也非常类似，只是窗体界面上的文字说明以及涉及的数据库中的数据表不同而已。例如，可将图书管理改成课程管理，借阅信息管理改成选课信息管理和成绩信息管理，借书模块改成选课模块，图 6-24～图 6-28 给出部分效果图，仅供参考。

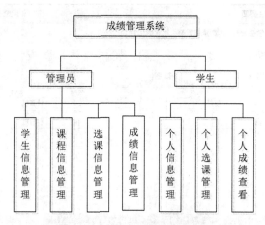

图 6-23　成绩管理系统结构功能框图

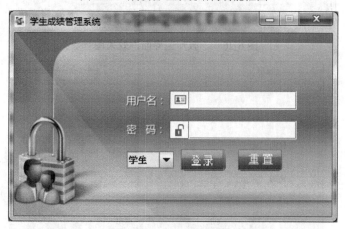

图 6-24　登录效果图

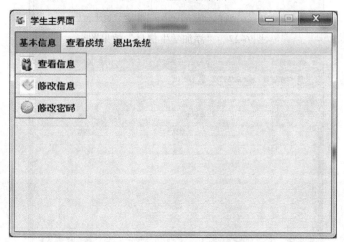

图 6-25　"学生主界面"效果图

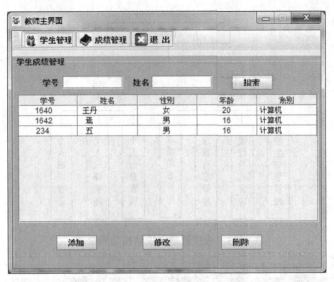

图 6-26 "教师主界面"效果图

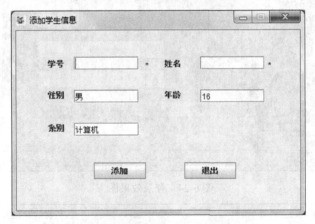

图 6-27 "添加学生信息"效果图

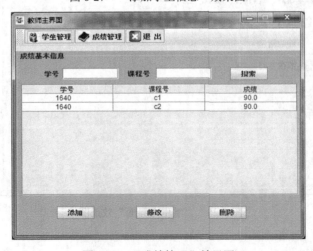

图 6-28 "成绩管理"效果图

第7章 B/S开发——在线图书管理系统

前面已经详细讲解了 C/S 版的桌面图书管理系统的整个实现过程,接下来介绍该系统的另一个版本:B/S 版的在线图书管理系统的开发。也就是通过 Web 浏览器来实现在线图书管理的一系列相关操作。本章有关系统需求分析的部分与第 6 章是完全相同的,这里不再赘述。MySQL+PHP 是目前 B/S 开发中最常见,也是最流行的搭配模式,本章将重点讲解如何用 MySQL 开发后台数据库,以及如何用 PHP 开发前台 Web 页面等。

7.1 数据库操作

微课:数据库
操作

本章采用的是 MySQL+PHP 开发环境,所以系统有关数据库的操作应由 MySQL 来完成。与桌面图书管理系统有关的数据库操作已经在前 5 章的 MySQL 中介绍完了,这里只需在 MySQL 中为数据库 bookmanage 添加一个用户基本表 tb_users,为系统登录做准备即可。其基本表结构及数据如表 6-1 和图 6-4 所示。添加完成后的效果图如图 7-1 所示。

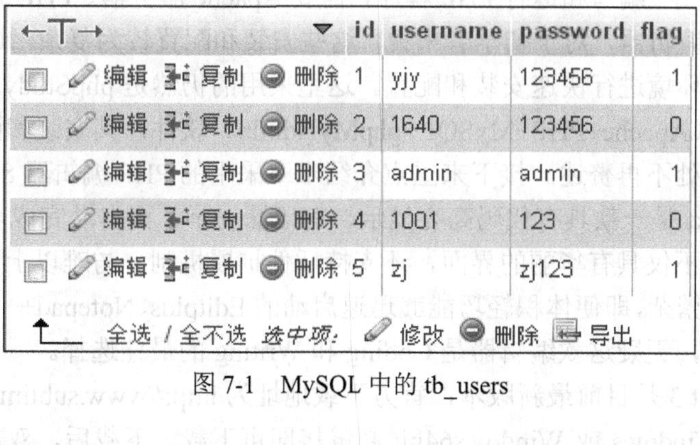

				id	username	password	flag
☐	✎ 编辑	ᵌᵢ 复制	⊖ 删除	1	yjy	123456	1
☐	✎ 编辑	ᵌᵢ 复制	⊖ 删除	2	1640	123456	0
☐	✎ 编辑	ᵌᵢ 复制	⊖ 删除	3	admin	admin	1
☐	✎ 编辑	ᵌᵢ 复制	⊖ 删除	4	1001	123	0
☐	✎ 编辑	ᵌᵢ 复制	⊖ 删除	5	zj	zj123	1

↑ 全选 / 全不选 选中项: ✎ 修改 ⊖ 删除 ⊞ 导出

图 7-1 MySQL 中的 tb_users

7.2 走进 PHP

PHP(personal home page)现已经正式更名为 hypertext preprocessor(超文本预处理器),是一种通用开源脚本语言。PHP 是在服务器端执行的脚本语言,与 C 语言类似,是常用的网站编程语言。PHP 独特的语法混合了 C、Java、Perl 及 PHP 自创的语法,利于学习，使用广泛，主要适用于 Web 开发领域。PHP 将程序嵌入到 HTML 文档中去执行，效率比生成 HTML 标记的 CGI 要高许多。图 7-2 描述了 PHP 的工作原理。

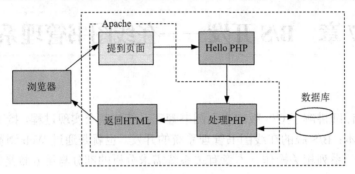

图 7-2　PHP 工作原理

当编辑并运行一个 PHP 程序时，需要同时涉及几方面内容。首先使用文字编辑软件（如记事本、写字板、Sublime Text 等）或集成开发环境（如 Adobe Dreamweaver、PhpStorm、Zend Studi 等）编写 PHP 源文件（.php）；接着将 PHP 的代码传递给 PHP 包，请求解析并编译，服务器根据 PHP 代码的请求读取数据库；然后服务器与 PHP 包共同根据数据库中的数据或其他运行变量，将 PHP 代码解析成普通的 HTML 代码；最后将解析后的代码发送给浏览器，浏览器对代码进行分析，获取可视化内容，用户通过访问浏览器浏览网站内容。

7.2.1　PHP 编辑器的使用

微课：PHP 编辑
器的使用

编写和运行 PHP 程序，需要 Apache 服务器、PHP 编译器以及 PHP 编辑器，对于初学者来说，这些安装和配置较为复杂，这时可选择集成环境进行快速安装和配置。这里采用的仍然是 phpStudy（Apache+PHP+MySQL+phpMyAdmin）软件，其安装和配置已在 3.3 节中详细讲解，此处不再赘述。接下来重点介绍本章采用的 PHP 编辑器 Sublime Text。

Sublime Text 是一款具有代码高亮显示、有语法提示、可自动完成功能且反应快速的编辑器软件，不仅具有华丽的界面，还支持插件扩展机制。与难以上手的 Vim 相比，Eclipse、VS 相对繁杂，即便体积轻巧能够迅速启动的 Editplus、Notepad++，在 SublimeText 面前也略显失色，无疑这款编辑器是 Coding 和 Writing 的最佳选择。

Sublime Text 3 是目前最新版本，官方下载地址为 http://www.sublimetext.com/3。进入网站后单击 Windows 或 Windows64bit 超链接即可下载。下载后，双击 Sublime Text Build 3207 x64 Setup.exe，依次单击"下一步"按钮即可完成安装。

1. 打开 Sublime Text 3

单击"开始"→"所有程序"→Sublime Text 3，启动 Sublime Text 3，先选择 File→Save 命令，在弹出的窗口中选择保存路径（指定在 D:\WWW），再输入文件名 first.php，选择 PHP 保存类型，如图 7-3 所示，然后开始在空白工作区编写 PHP 代码。

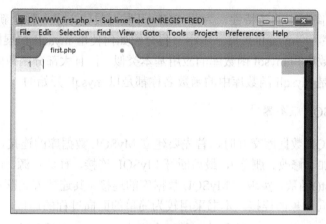

图 7-3　启动 Sublime Text 3

2. 编辑源文件、运行

在空白区按图 7-4 所示输入代码，代码无误后选择 File→Save 命令，关闭 Sublime Text 3，打开浏览器，在地址栏中输入 http://localhost/first.php，按 Enter 键，可运行程序。

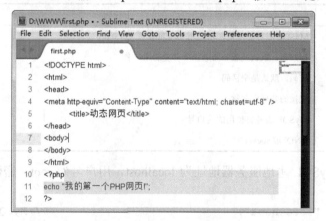

图 7-4　编写和运行 first.php

> ⚠ 注意：PHP 文件与 HTML 文件不同，不能双击直接运行，需要用浏览器输入指定的地址才能执行。如果是本地 PHP 网页，则直接输入 http://localhost/....php 即可；如果是远程网页，则需要输入远程服务器的 IP 地址。此外，由于 PHP 编译器存放在 phpStudy 默认建立的 WWW 文件夹下，因此建立 PHP 文件时也必须放在这个目录下才能编译运行。

7.2.2　PHP 操作 MySQL 数据库

PHP 支持的数据库类型较多，其中，MySQL 数据库与 PHP 结合得最好。很长时间以来，PHP 操作 MySQL 数据库使用的是 mysql 扩展库提供的相关函数。但是，随着 MySQL 的发展，mysql 扩展无法支持

微课：PHP 操作
MySQL 数据库

MySQL 4.1 及更高版本的新特性，为此 PHP 开发人员建立了一种全新支持 PHP5 的 MySQL 扩展程序——mysqli 扩展。本小节将介绍如何使用 mysqli 扩展操作 MySQL 数据库。mysqli 函数库和 mysql 函数库的应用基本类似，而且大部分函数的使用方法都一样，唯一的区别是 mysqli 函数库中的函数名称都是以 mysqli 开始的。

1. 连接 MySQL 服务器

PHP 与 MySQL 数据库交互时，首先要建立 MySQL 数据库的连接，其次执行 SQL 操作（查询、添加、修改、删除），最后断开 MySQL 连接，释放资源。mysqli 扩展提供了 mysqli_connect()函数，实现与 MySQL 数据库的连接，其连接方式既支持面向过程的连接，也支持面向对象的连接。本书采用较为简单的面向过程的连接，其语法格式为

　　mysqli mysqli_connect([string host [, string username [, string passwd [, string dbname [, int port [, string socket]]]]]])

说明：mysqli_connect()函数用于打开一个到 MySQL 服务器的连接，如果成功则返回一个 MySQL 连接标识，失败则返回 false。该函数的参数如表 7-1 所示。

表 7-1　mysqli_connect()函数参数说明

参数	说明
host	MySQL 服务器地址，本地用 localhost 或 127.0.0.1
username	用户名，默认是服务器进程所有者的用户名
passwd	密码，默认是空密码
dbname	连接的数据库名称
port	MySQL 服务器使用的端口号
socket	UNIX 域 socket

【例 7-1】MySQL 本地服务器地址为 localhost，用户名为 root，密码为 root，其连接代码如下。

```
$host = "localhost";                          //MySQL 服务器地址
$userName = "root";                           //用户名
$password = "root";                           //密码
$connID = mysqli_connect($host,$userName,$password);  //建立连接
```

 注意：为屏蔽因数据库连接失败而显示的错误信息，可在 mysqli_connect()函数前面加 "@"。

2. 选择 MySQL 数据库

应用 mysqli_connect()函数创建与 MySQL 服务器连接的同时还可以指定要选择的数据库名称。

【例 7-2】MySQL 数据库服务器地址为 localhost，用户名为 root，密码为 root，在连接 MySQL 服务器的同时选择名称为 bookmanage 的数据库，代码如下。

```
$host="localhost";                                    //MySQL 服务器地址
```

```
$userName = "root";                              //用户名
$password = "root";                              //密码
$database = "bookmanage";                        //数据库名
$connID = mysqli_connect($host,$userName,$password, $database);
//建立连接
```

也可使用 mysqli 扩展中的 mysqli_select_db()函数选择 MySQL 数据库,其语法格式为

　　bool mysqli_select_db(mysqli link,string dbname);

说明:

① link:必选参数,对应 mysqli_ connect ()成功连接数据库服务器后返回的连接标识。

② dbname:必选参数,用户指定要选择的数据库名称。

例 7-2 的连接代码可用以下代码替换。

```
$connID = mysqli_connect($host,$userName,$password);
mysqli_select_db($connID, $database);
```

注意:在实际项目开发过程中,将 MySQL 服务器的连接和数据库的选择存储于一个单独文件中,需要时通过 include 语句包含这个文件即可,这样既利于程序的维护,也避免了代码的冗余。因此,本章实例将服务器的连接和数据库的选择存储在根目录下的 conn 文件夹下,文件名为 conn.php。

3. 执行 SQL 语句

对数据库的表进行操作时,通常使用 mysqli_query()函数执行 SQL 语句,其语法格式为

　　Mixed mysqli_query(mysqli link,string query[,int resultmodel])

说明:

① link:必选参数,对应 mysqli_ connect ()成功连接数据库服务器后返回的连接标识。

② query:必选参数,所要执行的查询语句,用双引号括起来。

③ resultmodel:可选参数,其取值有 mysqli_use_result 和 mysqli_store_result。其中,mysqli_store_result 为该函数的默认值。如果返回大量数据,可用 mysqli_use_result。但应用该值时,在查询调用中可能返回 commands out of sync 错误,可通过应用 mysqli_free_result()函数释放内存来解决。

④ 如果 SQL 语句是 select,mysqli_query 成功则返回查询结果集,否则返回 false;如果 SQL 语句是 insert、delete、update 等操作指令,成功则返回 true,否则返回 false。

【例 7-3】以 book 基本表为例,通过 mysqli_query()函数执行查询所有图书的操作。

```
$result = mysqli_query($conn,"select * from book");
```

mysqli_query()函数不仅可以执行 select、insert、update、delete 等 SQL 指令,为避免出现乱码,还可用来设置数据库的编码格式,代码如下。

```
mysqli_query($conn, "set names utf8");          //设置数据库编码 utf8
```

4. 将结果集返回到数组中

使用 mysqli_query()函数执行 select 语句，如果成功，将返回查询结果集。下面介绍对查询结果集进行操作的函数：mysqli_fetch_array()。它将结果集返回数组中，其语法格式为

　　　　array mysqli_fetch_array(resource result[,int result_type])

说明：

① result：资源类型的参数，要传入的是由 mysqli_query()函数返回的数据指针。

② result_type：可选项，用于设置结果集数组的表述方式，有以下 3 种取值。

- mysqli_assoc：返回一个关联数组，数组下标由表的字段名组成。
- mysqli_num：返回一个索引数组，数组下标由数字组成。
- mysqli_both：返回一个同时包含关联和数字索引的数组，默认值。

③ 将查询结果集中的数据返回数组中。有两种形式：一种是使用数字索引来读取数组中的数据，数组下标从 0 开始，即以$row[0]的形式访问数据表的第 1 个字段，以$row[1]的形式访问第 2 个字段，依此类推；另一种是数组的下标直接为数据表中字段的名称。

下面编写一个具体实例，通过 PHP 操作 MySQL 数据库，读取数据库中存储的数据。

【例 7-4】利用 mysqli_fetch_array()函数读取 bookmanage 数据库中 book 基本表的数据。

设 MySQL 服务器已连接，读取代码如下。

```
<?php
include_once("conn/conn.php");                //包含连接数据库文件
$result = mysqli_query($conn, "select * from book");    // 执行查询语句
While ($myrow = mysqli_fetch_array($result)){ //循环输出结果至表格单元格中
?>
<tr>
<td align = "center"><span class = "STYLE2"><?php echo $myrow[0];?></span>
    </td>
<td align = "center"><span class = "STYLE2"><?php echo $myrow[1];?></span>
    </td>
<td align = "center"><span class = "STYLE2"><?php echo $myrow[2];?></span>
    </td>
<td align = "center"><span class = "STYLE2"><?php echo $myrow[3];?></span>
    </td>
<td align = "center"><span class = "STYLE2"><?php echo $myrow['pulish']; ?>
    </span></td>
<td align = "center"><span class = "STYLE2"><?php echo $myrow['number']; ?>
    </span></td>
</tr>
<?php
}
?>
```

此外，获取查询结果集中的数据，除了前面介绍的 mysqli_fetch_array()函数外，还可以利用 mysqli_fetch_object()函数、mysqli_fetch_row()函数、mysqli_fetch_assoc()函数等实现。

① mysqli_fetch_object()函数，基本语法格式为

　　　mixed mysqli_fetch_object(resource result)

说明：与 mysqli_fetch_array()函数类似，唯一差别是它返回的是一个对象而不是数组，即该函数只能通过字段名访问数组。访问结果集中行的元素语法形式为$row->col_name。

【例 7-5】用 mysqli_fetch_object()修改例 7-4 的代码。

mysqli_fetch_array($result)修改为 mysqli_fetch_object($result)

$myrow[0]　修改为$myrow->bno

$myrow[1]　修改为$myrow->bname

$myrow[2]　修改为$myrow->author

$myrow[3]　修改为$myrow->price

$myrow['publish']　修改为$myrow->publish

$myrow['number']　修改为$myrow->number

② mysqli_fetch_row()函数，基本语法格式为

　　　mixed mysqli_fetch_row(resource result)

说明：该函数返回根据所取得的行生成的数组，如果没有更多行，则返回 null，并且只能使用数字索引来读取数组中的数据。该函数主要用于从结果集中取得一行作为枚举数组。

【例 7-6】用 mysqli_fetch_row()修改例 7-4 的代码。

mysqli_fetch_array($result)修改为 mysqli_fetch_row($result)

$myrow['publish']　修改为$myrow[4]

$myrow['number']　修改为$myrow[5]

③ mysqli_fetch_assoc()函数，基本语法格式为

　　　mixed mysqli_fetch_assoc(resource result)

说明：该函数返回根据所取得的行生成的数组，如果没有更多行，则返回 null。该数组的下标为数据表中字段的名称。

【例 7-7】用 mysqli_fetch_assoc()修改例 7-4 的代码。

mysqli_fetch_array($result)修改为 mysqli_fetch_assoc($result)

$myrow[0]　修改为$myrow['bno']

$myrow[1]　修改为$myrow['bname']

$myrow[2]　修改为$myrow['author']

5. 释放内存

数据库操作完成后，需关闭结果集以释放系统资源。这一任务由 mysqli_free_result()函数完成，其语法格式为

　　　void mysqli_free_result(resource result)

说明：mysqli_free_result()函数将释放所有与结果标识符 result 关联的内存。该函数仅需要在考虑到返回很多的结果集时会占用多少内存时调用。在脚本结束后，所有关联的内存都会自动释放。

6. 关闭连接

完成数据库的操作后，需要及时断开与数据库的连接并释放内存；否则会浪费大量的内存空间，在访问量较大的 Web 项目中很可能导致服务器崩溃。在 MySQL 函数库中，使用 mysqli_close()函数断开与 MySQL 服务器的连接，其语法格式为

    bool mysqli_close(mysqli link)

说明：link 为 mysqli_close()函数成功连接 MySQL 数据库服务器后所返回的连接标识。如果成功，返回 true；失败则返回 false。

【例 7-8】将例 7-4 代码加上释放内存和关闭连接后，形成 PHP 访问数据库的完整代码。

```php
<?php
include_once("conn/conn.php");                    //包含连接数据库文件
$result = mysqli_query($conn, "select * from book");    // 执行查询语句
While ($myrow = mysqli_fetch_array($result)) {//循环输出结果至表格单元格中
?>
<tr>
<td align = "center"><span class = "STYLE2"><?php echo $myrow[0];?></span>
  </td>
<td align = "center"><span class = "STYLE2"><?php echo $myrow[1];?></span>
   </td>
<td align = "center"><span class = "STYLE2"><?php echo $myrow[2];?></span>
   </td>
<td align = "center"><span class = "STYLE2"><?php echo $myrow[3];?></span>
   </td>
<td align = "center"><span class = "STYLE2"><?php echo $myrow['pulish']; ?>
   </span></td>
<td align = "center"><span class = "STYLE2"><?php echo $myrow['number']; ?>
   </span></td>
</tr>
<?php
}
?>
mysqli_free_result($result);                       //释放内存
mysqli_close($conn);                               //断开与数据库的连接
?>
```

⚠ 注意：PHP 中与数据库的连接是非持久连接，系统会自动回收，一般不用设置关闭。但如果一次性返回的结果集比较大，或网站访问量比较多时，则最好使用 mysqli_close()函数手动进行释放。

7.3　系统实现

桌面图书管理系统和在线图书管理系统的功能结构是完全一样的,只是前者通过按钮、菜单栏、工具栏等实现多个窗体连接,后者由多个网页通过导航栏超链接实现多个窗体连接。该系统也包括登录页面、系统主页、各功能的子页面等。下面介绍几个典型的页面,其他页面请自行参见本书配套资源。

7.3.1　系统开发环境

开发在线图书管理系统,使用的软件开发环境如下。

微课:系统开发
环境

1. 服务器

① 操作系统:Windows 10 旗舰版。
② PHP 服务器:phpStudy v8.0 (Apache + PHP + MySQL 8.0)。
③ MySQL 图形化管理软件:phpMyAdmin-4.1.14。
④ 开发工具:Sublime Text 3。
⑤ 浏览器:Google Chrome/IE 6.0 及以上版本。
⑥ 分辨率:最佳效果 1024×768 像素。

2. 客户端

① 浏览器:Google Chrome/IE 6.0 及以上版本。
② 分辨率:最佳效果 1024×768 像素。

7.3.2　文件夹组织结构

在进行网站开发前,首先要规划网站的架构,也就是建立多个文件夹,对各个功能模块进行划分,实现统一管理,这样易于网站的开发、管理和维护。本案例的文件夹组织结构如图 7-5 所示。

说明:主要文件夹及功能如下。
① conn 文件夹:用于存储数据库连接文件。
② css 文件夹:用于存储网页中用到的 CSS 文件。
③ data 文件夹:用于存储数据库文件。
④ images 文件夹:用于存储图片。
⑤ student 文件夹:用于存放学生模块文件。
⑥ teacher 文件夹:用于存放图书管理员文件。
⑦ adminbook 文件夹:用于存储图书管理文件。
⑧ adminborrowrestore 文件夹:用于存储借阅信息管理文件。
⑨ adminbr 文件夹:用于存储借阅管理文件。

⑩ adminself 文件夹：用于存储管理员文件。

⑪ adminstu 文件夹：用于存储学生文件。

⑫ index.php 文件：图书管理系统登录页面。

⑬ index_ok.php 文件：登录检验文件。

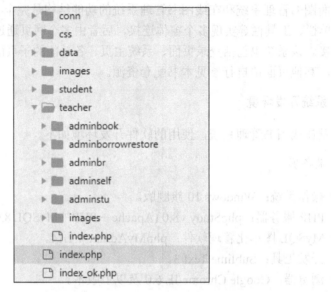

微课：公共文件
设计

图 7-5　系统文件夹组织结构

7.3.3　公共文件设计

1. 数据库连接文件

建立与数据库的连接文件 conn.php，数据库连接文件在以后的其他动态页中均要涉及，其代码如下。

```php
<?php
$host = "localhost";                             //MySQL 服务器地址
$userName = "root";                              //用户名
$password = "123456";                            //密码
$database = "bookmanage";                         //数据库名
$conn = mysqli_connect($host, $userName, $password,$database) or
die("连接数据库服务器失败！".mysqli_error());      //连接 MySQL 服务器
mysqli_query($conn,"set names utf8");            //设置数据库编码格式 utf8
?>
```

如果某个页面中需要进行数据库操作，在页面中直接包含该文件即可。代码如下。

```php
<?php
include("conn/conn.php");
?>
```

或者

```php
<?php
```

```
include_once("conn/conn.php");
?>
```

说明：两者的作用都是包含文件，include_once 与 include 的差别在于：如果包含的文件已经存在，前者就不再包含了。

2. CSS 样式表文件

CSS（cascading style sheet，层叠样式表）是一种简单、灵活、易学的技术，可以有效地对页面的布局、字体、颜色、背景和其他效果实现更加精确的控制。掌握 CSS 样式表不但能更好、更快地完成网页设计，使页面具有动态效果，还有助于统一网站的整体风格。

在页面中使用 CSS 的方法如下。

① 把 CSS 文档放到<head></head>标记中。

```
<head>
    <style type = "text/css">…</style>
</head>
```

② 把 CSS 样式表写在 HTML 行内。

```
<p style = "font-size:14px;color:red">蓝色 14 号文字</p>
```

这种采用<style="">的格式可以把样式写在 HTML 中的任意行内，比较方便灵活，但大量修改十分麻烦。

③ 把编辑好的 CSS 文件保存成扩展名为.css 的外部文件，然后在<head>标记中调用该文件，调用代码如下。

```
<head>
    <link rel = "stylesheet" type = "text/css" href = ".css 文件的相对
        路径"/>
</head>
```

这种方式能使多个页面同时使用相同的样式，从而减少大量的冗余代码。

因此，本书案例采用第③种方法，用<link>标记将扩展名为 ".css" 的外部文件嵌入网页中，从图 7-5 中可看到一个样式表 CSS 文件夹，里面有两个.css 文件，具体功能如下。

- login.css：登录页面的 CSS 样式。
- mystyle.css：除登录页面外的其他页面的 CSS 样式。

7.3.4　登录页面设计与实现

1. 页面设计与预览

微课：登录页面
设计与实现

登录页面是系统启动的第一个网页，即网站首页（或网站主页），用以实现学生和管理员的登录，如图 7-6 所示。该页面利用 DIV+CSS 布局，居于屏幕正中，页面上放置用户名文本框、密码文本框用于接收合法用户登录的名称和密码，下拉列表用于选择登录用户的身份。采用 session 存放登录用户的用户名、密码、角色，方便与其他网页关联。

图 7-6　登录页面效果图

2. 页面实现

下面详细介绍登录页面的实现过程，因篇幅有限，书中仅展示部分关键代码，完整代码请读者自行参考配套资源 student\index.php 和 index_ok.php。

（1）用户名、密码输入验证函数

采用 JavaScript 脚本代码判断文本框中是否有信息输入，如果为空，则给出相应的提示。

关键代码如下。

```javascript
<script type = "text/javascript">
  function checkform(form){//检测表单内容是否为空
    if(form.user.value == ""){
     alert("请输入用户名");
     form.user.focus();
     return false;
    }
    if(form.pwd.value == ""){
     alert("请输入密码");
     form.pwd.focus();
     return false;
    }
  }
</script>
```

（2）用户合法性检测及跳转

此功能代码位于源代码 student\index_ok.php 中，主要完成从页面已获取到的用户名、密码、角色与数据表 tb_users 中信息的匹配。如果相同，则是合法用户，根据用户类型跳转至相应页面。

关键代码如下。

```php
<?php
```

```php
session_start();                    //开启 session 会话
header("content-type:text/html;charset = utf-8");//设置编码格式
include("conn/conn.php");           //包含数据库连接文件
$name = $_POST['user'];             //获取表单中的用户名
$pwd = $_POST['pwd'];
$choice = $_POST['choice'];
$sql = mysqli_query($conn,"select * from tb_users where username =
'".$name."' and password = '".$pwd."' and flag = '".$choice."'");
//执行 SQL 语句
if(mysqli_num_rows($sql)>0){         //判断数据库中是否有记录
$_SESSION['name'] = $name;          //为 session 变量赋值
$_SESSION['time'] = time();         //为 session 变量赋值
$_SESSION['flag'] = $choice;        //保存角色标识，0 学生、1 教师
if($choice == 1)
echo "<script>alert('登录成功！');location = 'teacher/index.php';
  </script>";//提示登录成功,跳转到教师主界面
if ($choice == 0)
echo "<script>alert('登录成功！');location = 'student/index.php';
  </script>";//提示登录成功,跳转到学生主界面
}else{
echo "<script>alert('用户名或密码错误！');location = 'index.php';
  </script>";//提示用户名或密码错误
}
?>
```

7.3.5　管理员主页面设计与实现

1. 页面设计与预览

管理员登录成功的主页面如图 7-7 所示。在该页面中，管理员可以进行学生信息管理、图书管理、借阅管理，也可以进行添加、删除、修改、查看操作，还可以修改自己的密码。

微课：管理员主页面设计与实现

图 7-7　管理员主页面效果图

管理员模块页面采用上、中、下三栏结构布局，如图 7-8 所示，页面具有简练、个性鲜明等特点，体现了在线图书管理系统的特色和个性化，因为涉及数据的动态显示，采用 Table+CSS 布局页面。

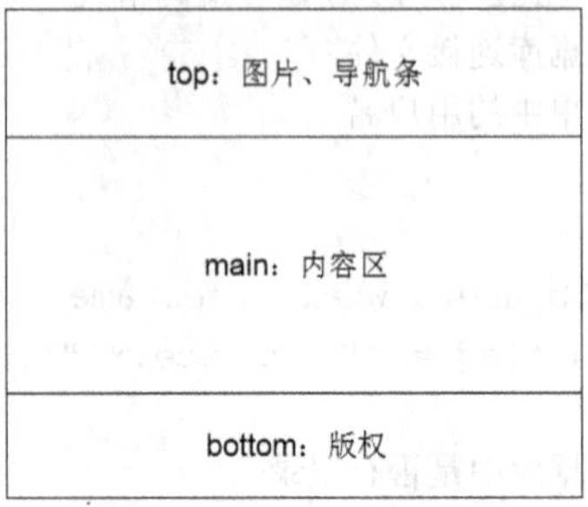

图 7-8　管理员主页面布局

2. 页面实现

从图 7-8 所示的布局可知，管理员主页面由三部分组成，即 top（图片、导航条）、main（内容区）和 bottom（版权）。下面分别介绍这三部分实现的关键代码，详细代码参见配套资源 student\teacher\index.php。

（1）导航条

此部分主要利用表格显示超链接，单击每个超链接转入相应的功能界面实现其功能。部分关键代码如下。

```php
<table width = "100%" height = "38" border = "0" cellpadding = "0"
  cellspacing = "0" background = "images/link.jpg">
  <tr>
    <td width = "193" align = "center" valign = "middle">
    <b><?php session_start();echo '欢迎您：'.$_SESSION['name']." ";
    echo date("Y-m-d")." ";?></b></td>
    <td width = "101" align = "center" valign = "middle"><a href = "adminstu/
    index.php">学生管理</a></td>
    <td width = "102" align = "center" valign = "middle"><a href =
    "admincourse/index.php">课程管理</a></td>
    <td width = "101" align = "center" valign = "middle"><a href = "adminbook/
    index.php">图书管理</a></td>
    <td width = "101" align = "center" valign = "middle"><a href =
    "adminbr/index.php">借阅管理</a></td>
    <td width = "101" align = "center" valign = "middle"><a href =
    "adminself/update_password.php">修改密码</a></td>
  </tr>
</table>
```

（2）内容区

该区主要完成数据的显示及分页功能的实现。

数据显示部分关键代码如下。

```php
<?php
    $pagesize = 10;                                    //每页显示 10 条记录数
    $sqlstr = "select * from student order by sno";   //定义查询语句
    $total = mysqli_query($conn,$sqlstr);             //执行查询语句
    $totalNum = mysqli_num_rows($total);              //总记录数
    $pagecount = ceil($totalNum/$pagesize);           //总页数
    (!isset($_GET['page']))?($page = 1):$page = $_GET['page'];
    //当前显示页数
```

```php
//当前页大于总页数时把当前页定义为总页数
($page <= $pagecount)?$page:($page = $pagecount);
$f_pageNum = $pagesize * ($page-1);              //当前页的第一条记录
//定义 SQL 语句，通过 limit 关键字控制查询范围和数量
$sqlstr1 = $sqlstr." limit ".$f_pageNum.",".$pagesize;
$result = mysqli_query($conn,$sqlstr1);          //执行查询语句
while ($rows = mysqli_fetch_row($result)){
    echo "<tr>";
    for($i = 0; $i < count($rows); $i++){
        echo "<td height = '25' align = 'center' class = 'm_td'>".$rows[$i].
          "</td>";
    }
    echo "<td class = 'm_td' align = 'center'>
    <a href = update.php?action = update&sno = ".$rows[0].">修改</a>
    /<a href = delete.php?action = del&sno = ".$rows[0]." onclick =
      'return del();'>删除
    </a></td>";
    echo "</tr>";
}
?>
```

分页功能部分关键代码如下。

```php
<?php  echo "共".$totalNum."个学生  ";echo "第".$page."页/共"
  .$pagecount."页  ";
if($page != 1){                   //如果当前页不是 1，则输出有链接的首页和上一页
    echo "<a href = '?page = 1'>首页</a> ";
    echo "<a href = '?page = ".($page-1)."'>上一页</a>  ";
}else{                            //否则输出没有链接的首页和上一页
    echo "首页 上一页  ";
}
if($page != $pagecount){ //如果当前页不是最后一页，则输出有链接的下一页和尾页
    echo "<a href = '?page = ".($page+1)."'>下一页</a> ";
    echo "<a href = '?page = ".$pagecount."'>尾页</a>  ";
}else{                            //否则输出没有链接的下一页和尾页
    echo "下一页 尾页  ";
}
?>
```

（3）页脚区

此部分代码显示一张图片，图片中有版权信息。

关键代码如下。

```html
<table width = "798" border = "0" cellpadding="0" cellspacing="0">
    <tr>
        <td height = "41" background = "images/bottom.jpg"> </td>
        //版权信息
    </tr>
</table>
```

微课：图书管理
及子页面设计与
实现

7.3.6　图书管理及子页面设计与实现

在"管理员主页面"中，单击导航栏中的"图书管理"进入图书管理的首页，默认为"浏览数据"页面，如图 7-9 所示。该页面主要包括图书信息的浏览、添加、修改和删除以及查询子功能页面。每个子页面的设计风格与"管理员主页面"相同，差别主要在 main 区，具体内容显示不同。

由于"学生管理"主页面及子功能和"图书管理"主页面及子功能基本相同，这里只介绍图书管理的设计与实现，"学生管理"页面不再赘述。

图 7-9　图书管理子页面

1. 浏览数据

该页面主要用于分页显示 book 表中的所有图书，每页显示 10 条，选中任意一条信息，单击其后的"修改/删除"按钮可以修改该图书信息或删除该图书信息。详细代码见 student\teacher\adminbook\select.php。关键代码如下。

（1）显示图书信息

将数据表中读取到的图书信息，以循环方式动态显示在表格中，代码如下。

```
while ($rows = mysqli_fetch_row($result)){
    echo "<tr>";
    for($i = 0; $i < count($rows); $i++){
        echo "<td height = '25' align = 'center' class = 'm_td'>".$rows[$i].
            "</td>";
    }
    echo "<td class = 'm_td' align = 'center'>
    <a href = update.php?action = update&sno = ".$rows[0].">修改</a>/
    <a href = delete.php?action = del&sno = ".$rows[0]." Onclick =
```

```
            'return del();'>删除
        </a></td>";
    echo "</tr>";
```

（2）修改图书信息

在图 7-9 中单击 "b01" 行右边的 "修改" 按钮，出现如图 7-10 所示页面，将 "册数" 文本框中的 "6" 修改为 "10"，修改完成后，单击 "修改" 按钮，弹出 "修改成功" 对话框，单击对话框中的 "确定" 按钮跳转到 "浏览数据" 页面，可以看到 "b01" 图书的册数已改为 10，如图 7-11 所示。详细代码见 student\teacher\adminbook\update.php 及 update_ok.php。

图 7-10　修改图书子页面

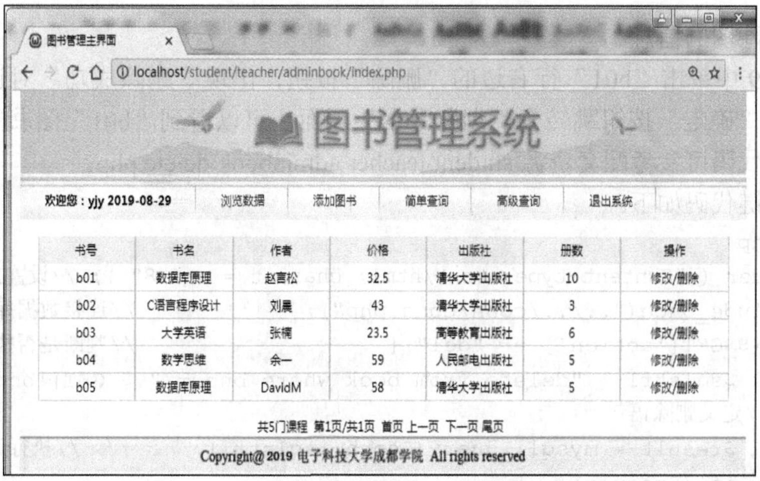

图 7-11　修改成功后的图书页面

修改图书时，要先从数据表 book 中查询显示出该书的信息，再根据情况进行修改，修改完成后重新存储在原记录中。完整代码可参考配套资源 student\teacher\adminbook\update_ok.php。

部分关键代码如下。

```php
<?php
header("Content-type:text/html;charset=utf-8"); //设置文件编码格式
include_once("../../conn/conn.php");//包含数据库连接文件
if($_POST['action'] == "update"){
    if(!($_POST['bname'] and $_POST['author'] and $_POST['price']
     and $_POST
    ['publish'] and $_POST['number'])){
        echo "<script>alert('输入不能为空！');location = 'update.php';
         </script>";
    }else{
        $sqlstr = "update book set bname = '".$_POST['bname']."', author
         = '".$_POST['author']."' ,price = '".$_POST['price']."', publish
         = '".$_POST ['publish']."',number  = '".$_POST['number']."'
         where bno='".$bno."'";//定义更新语句
        $result = mysqli_query($conn,$sqlstr);          //执行更新语句
        if($result){
           // echo "修改成功,点击<a href = 'index.php'>这里</a>查看";
            echo "<script>alert('修改成功');location = 'index.php';
             </script>";
        }else{
            echo "修改失败.<br>$sqlstr";
        }
    }
}
?>
```

（3）删除图书信息

在图 7-9 中单击"b01"行右边的"删除"按钮，出现"删除成功"对话框。单击对话框中的"确定"按钮跳转到"浏览数据"页面，可以看到"b01"图书的信息已被删除。完整代码可参考配套资源 student\teacher\adminbook\delete.php。

部分关键代码如下。

```php
<?php
header ( "Content-type: text/html; charset = utf-8" ); //设置文件编码格式
include_once("../../conn/conn.php");                 //连接数据库
if ($_GET['action'] == "del"){                         //判断是否执行删除
    $sqlstr1 = "delete from book where bno = ".$_GET['bno'];
    //定义删除语句
    $result = mysqli_query($conn,$sqlstr1);           //执行删除操作
    if ($result){
        echo "<script>alert('删除成功');location = 'index.php';</script>";
    }else{
        echo "删除失败";
```

```
        }
    }
?>
```

2. 添加图书

单击图 7-11 中的"添加图书"按钮，出现"添加图书"页面，如图 7-12 所示，在指定的文本框中输入图书信息，单击"确定"按钮跳转到"浏览数据"页面，如图 7-13 所示，可以清楚地看到该图书已成功添加。完整代码可参考配套资源 student\teacher\adminbook\insert.php 和 insert_ok.php。

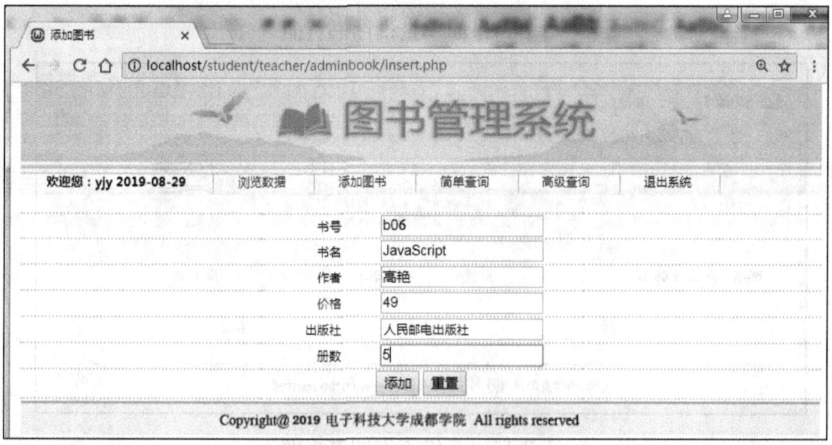

图 7-12　"添加图书"页面

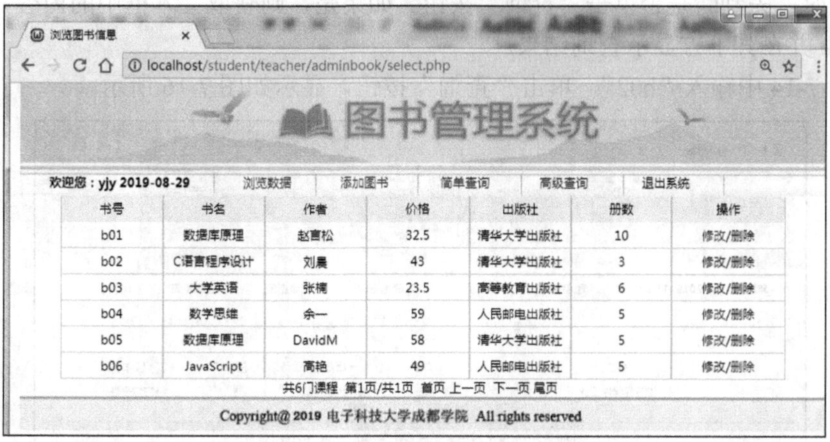

图 7-13　添加成功后的图书页面

3. 查询图书

单击图 7-13 中的"简单查询"按钮，出现图 7-14 所示页面，可以按图书的书号查询图书的基本情况；单击"高级查询"按钮，出现图 7-15 所示页面，可以实现按书号或书名查询图书，也可以同时输入"书号"和"书名"查询图书。

图 7-14　简单查询图书页面

图 7-15　高级查询图书页面

实现时，先判断是否单击"查询"按钮。如果是，则获取文本框中的内容，查询数据表 book 并在其下方显示查询结果。

在图 7-14 中输入"b02"，单击"查询"按钮，显示如图 7-16 所示。

图 7-16　查找成功页面

按"书号"查询图书代码可参考配套资源 student\teacher\adminbook\select_book.php。关键代码如下。

```php
<?php
$sqlstr = "SELECT * FROM book WHERE bno = '".$bno."'";//定义查询语句
$result = mysqli_query($conn,$sqlstr);                 //执行查询操作
```

```php
    if ($result){
    while ($rows = mysqli_fetch_row($result)){
?>
<?php
    echo "<tr>";
    for($i = 0; $i < count($rows); $i++){
    echo "<td height = '25' align='center' class = 'm_td'>".$rows[$i]."
      </td>";
    }
    echo "<td class = 'm_td' align = 'center' >
    <a href = update.php?action = update&bno = ".$rows[0].">修改</a>/
      <a href = delete.php? action = del&bno = ".$rows[0]." Onclick =
      'return del();'>删除
      </a></td>";
    echo "</tr>";
?>
```

7.3.7 借阅管理及子页面设计与实现

微课: 借阅管理及
子页面设计与实现

1. 借阅查询页面设计与实现

单击管理员主页面（图 7-7）中的"借阅管理"按钮，进入借阅管理首页，默认为"浏览数据"页面，显示所有学生和图书的借阅信息。"借阅管理"主要包括浏览数据、添加借阅、借阅查询和借书/还书页面。其中，"浏览数据"和"添加借阅"页面的设计与实现与图书管理中的相关内容基本相同，不再赘述，这里重点介绍其中的"借阅查询"和"借书/还书"页面的设计与实现。

单击"借阅查询"按钮，输入"学号"或"书号"，可具体查询某个学生或某本图书的所有借阅信息。如图 7-17 所示，在"学号"文本框中输入"1001"，可查询出 1001 学生所有借阅信息。

单击学号 1001、书号 b05 行右侧的"还书"按钮，弹出"还书成功"对话框，回到图 7-9 所示的图书管理的首页，详细代码可参考配套资源 teacher/adminbr/delete_ok.php。

关键代码如下。

```php
    <?php
    $sno = $_GET['sno'];
    $bno = $_GET['bno'];
    if ($_GET['action'] == "del_ok"){                       //判断是否执行还书
      $sqlstr1 = "select * from book where bno = '".$bno."' ";//查询待还书
      $result = mysqli_query($conn,$sqlstr1);
      if ($result){ //定义书册数加 1
        $sqlstr2 = "update book set number = number+1 where bno = '".$bno."' ";
        $result1 = mysqli_query($conn,$sqlstr2);          //执行修改操作
        $sqlstr3 = "delete from borrowrestore where sno = '".$sno."' And
          bno = '".$bno."' ";
```

```
$result2 = mysqli_query($conn,$sqlstr3);          //执行删除操作
if ($result2){
echo "<script>alert('还书成功');location = '../adminbook/index.php';
  </script>";
  }
}else{
  echo "删除失败";
}
}
?>
```

图 7-17　借阅查询子页面

2. 借书/还书页面设计与实现

单击图 7-17 中的"借书/还书"标签，进入借书/还书子页面，如图 7-18 所示。

图 7-18　"借书/还书"子页面

在借书或还书前，首先确认该学生和该图书是否是可借和可还状态（例如，该学生是否达到借阅上限，是否有罚款未缴清，该图书库存量是否为 0，该学生是否借阅了该图书等），即需要输入学生的学号和书号，如果查询到该图书信息，说明是可借或可还状态；如果未查找到，则会弹出对话框提示不可借或不可还的原因。在图 7-18 中输入

学号"1003"、书号"b01"，查询结果如图 7-19 所示。

图 7-19　查询成功后的页面

　　图 7-19 所示的查询成功，说明当前是可借或可还状态，单击"借书/还书"按钮，系统会查询借阅表 borrowrestore 是否存在这条记录，如果没有，会弹出"借书成功"对话框，并在该学生的借阅信息中增加该条记录，如图 7-20 所示，完整代码可参考配套资源 adminbr/borrow_update_ok.php。

图 7-20　借书成功后的页面

"借书"部分关键代码如下。

```php
if ($_GET['action'] == "borrow_update"){          //判断是否执行借书
    //定义插入语句
    $t = time();
    $borrowdate = Date('Y-m-d',$t);
    $restoredate = (date('Y-m-d',strtotime("+1 month")));
    $sqlstr1 = "insert into borrowrestore values('".$sno."',
        '".$bno."','".$borrowdate."','".$restoredate."',0.0)";
    $result1 = mysqli_query($conn,$sqlstr1);    //执行插入操作
    if ($result1){  //定义书册减1语句
        $sqlstr2 = "update book set number = number-1 where bno =
            '".$bno."' ";
        $result2 = mysqli_query($conn,$sqlstr2); //执行修改操作
```

```
                if ($result2){
                    echo "<script>alert('借书成功');location = '../adminbr/
                        index.php';
                    </script>";
                }
                else echo "<script>alert('借书失败');location = '../adminbr/
                    select_br_borrowrestore.php';</script>";
            }
        else
            echo "<script>alert('数据有冲突，重新输入');location = '../adminbr
                /select_br_borrowrestore.php';</script>";
}else{
        echo "借书失败";
}
```

如果借阅表 borrowrestore 中存在该借阅记录，则弹出"还书成功"对话框，并在该学生的借阅信息中删除该条记录。完整代码可参考配套资源 adminbr/restore_delete_ok.php。

"还书"部分关键代码如下。

```
$sno = $_SESSION['sno'];
$bno = $_GET['bno'];
if ($_GET['action'] == "restore_del"){         //判断是否执行"还书"
    //查询待还书
    $sqlstr1 = "select * from book where bno = '".$bno."' ";
    $result = mysqli_query($conn,$sqlstr1);
    if ($result){
        //定义书册数加 1 语句
        $sqlstr2 = "update book set number = number+1 where bno = '".$bno."' ";
        $result1 = mysqli_query($conn,$sqlstr2);  //执行修改操作
        //定义删除语句
        $sqlstr3 = "delete from borrowrestore where sno = '".$sno."' and
            bno = '".$bno."' ";
        $result2 = mysqli_query($conn,$sqlstr3);  //执行删除操作
        if ($result2){
        echo "<script>alert('还书成功');location = '../adminbook/index.php';
            </script>";
        }
    }else{
        echo "还书失败";
                }
            }
```

7.3.8　修改密码页面设计与实现

单击图 7-7 中的"修改密码"按钮，进入修改密码页面，该页面自动识别管理员的用户名，该用户不可修改，管理员只需输入新密码，并

微课：修改密码
页面设计与实现

确认该密码，单击"修改"按钮即可完成修改密码，如图 7-21 所示。

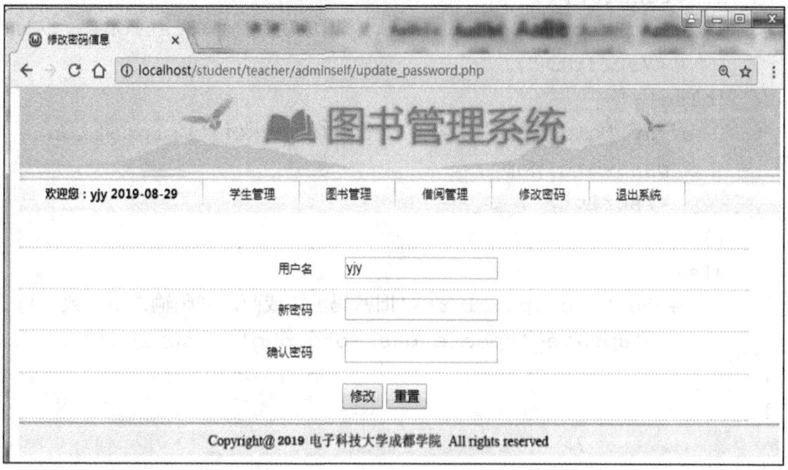

图 7-21　修改密码页面

修改密码操作前，先从 tb_users 表中获取管理员的用户名并显示在"用户名"文本框中，然后获取文本框中新输入的密码和确认密码，如果两次输入的密码相同，则进行密码修改；否则提示"两次密码输入不正确"。详细代码可参考配套资源 student\teacher\adminself\update_password.php 和 update_password_ok.php。

部分关键代码如下。

（1）获取管理员信息代码

```php
<?php include_once("../../conn/conn.php");//包含数据库连接文件
$name = $_SESSION['name'];
$sqlstr = "select * from tb_users where username = '".$name."'";
//定义查询语句
$result = mysqli_query($conn,$sqlstr);//执行查询语句
$rows = mysqli_fetch_row($result);//将查询结果返回为数组
?>
```

（2）文本框中显示管理员用户名代码

```html
<td align = "right" valign = "middle" class = "c_td">用户名</td>
<td align = "center" valign = "middle" class = "c_td"><input type =
  "text" name = "sname" value = "<?php echo $rows[1] ?>"></td>
```

（3）修改密码关键代码

```php
<?php
if($_POST['action'] == "update"){
    if(!( $_POST['psd1'] and $_POST['psd2'])){
        echo "<script>alert('输入不能为空! ');location = 'update_password.php';
          </script>";
    }else{
        if($_POST['psd1'] == $_POST['psd2']){
        $sqlstr = "update tb_users set password = '".$_POST['psd1']."'
          where username = '".$_SESSION['name']."'";    //定义更新语句
```

```
$result = mysqli_query($conn,$sqlstr);          //执行更新语句
if($result){
  echo "<script>alert('密码修改成功！');location='../index.php';
    </script>";
}else{
  echo "<script>alert('密码修改失败！');location = 'update_
    password.php';
    </script>";
}}
else
  echo "<script>alert('旧密码出错或两次密码输入不一致！');location
    ='update_'update_password.php';</script>";
}
}

          ?>
```

微课：学生主页面
及子页面设计与实现

7.3.9 学生主页面及子页面设计与实现

学生登录成功页面如图 7-22 所示。该模块主要包括基本信息、查看图书、修改密码、修改信息等几个子页面，功能简单，设计与实现方法与管理员对应的子页面基本相同，这里不再赘述。完整代码详见配套资源 student\student 目录中的文件。

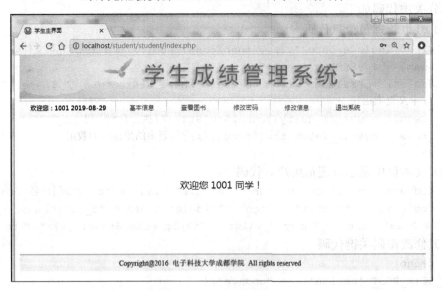

图 7-22　学生主页面

本章小结

本章详细再现了 B/S 架构的在线图书管理系统设计和实现的详细过程。系统开发前在 MySQL 中添加了一张 tb_users 用户表用于登录；系统实现部分重点讲述了如何通过 MySQL 8.0、PHP 语言、Sublime Text 3 编辑器以及 PHP 操作数据库技术来设计和实现管理员主页面、图书管理主页面及借书/还书等功能子页面。通过本章的学习，读者可以快速了解使用 MySQL+PHP 实现 B/S 架构的数据库应用系统开发的全过程。

上机实训

参照桌面成绩管理系统的功能结构图，采用 MySQL+PHP 自行完成 B/S 架构的在线成绩管理系统。图 7-23～图 7-27 所示的部分页面效果图仅供参考。

图 7-23　登录页面效果图

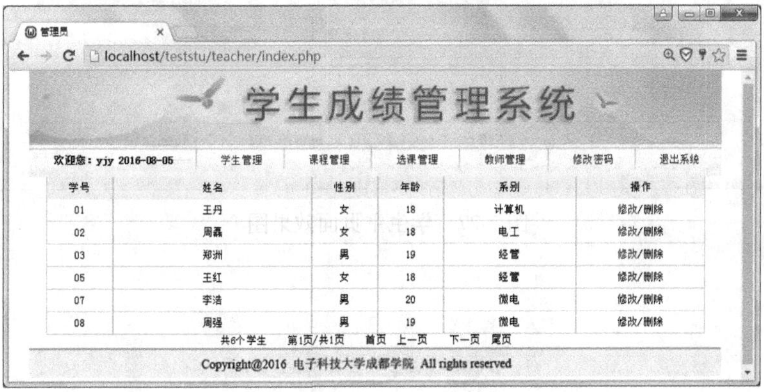

图 7-24　管理员主页面效果图

图 7-25　课程管理页面效果图

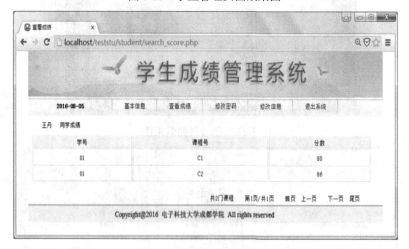

图 7-26　学生管理页面效果图

图 7-27　学生主页面效果图

参 考 文 献

崔巍，王晓敏，王晓波，等，2010. 数据库系统开发教程[M]. 北京：清华大学出版社.

雷景生，叶文珺，李永斌，等，2011. 数据库原理及应用[M]. 北京：清华大学出版社.

李合龙，左文明，焦青松，2011. 数据库理论与应用[M]. 2 版. 北京：清华大学出版社.

宋金玉，陈萍，陈刚，2012. 数据库原理与应用[M]. 2 版. 北京：清华大学出版社

孙锋，2008. 数据库原理与应用[M]. 北京：清华大学出版社.

陶宏才，2007. 数据库原理及设计[M]. 北京：清华大学出版社.

王珊，萨师煊，2006. 数据库系统概论[M]. 4 版. 北京：高等教育出版社.

徐爱芸，马石安，向华，2011. 数据库原理与应用教程[M]. 北京：清华大学出版社.

闫大顺，石玉强，2017. 数据库原理及应用[M]. 北京：中国农业大学出版社.

周屹，李艳娟，2013. 数据库原理及开发应用[M]. 2 版. 北京：清华大学出版社.

参考文献